- 中国科学院战略咨询项目——宁夏水资源均衡配置与高效利用战略咨询研究
- 宁夏“青年拔尖”人才培养项目（2013年）

宁夏水资源现状与节水潜力研究

岳少莉　李建平／著

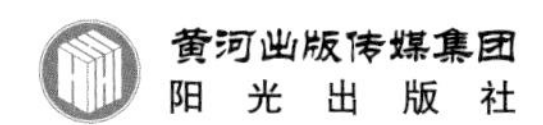

图书在版编目(CIP)数据

宁夏水资源现状与节水潜力研究 / 岳少莉, 李建平著. -- 银川 : 阳光出版社, 2023.11
ISBN 978-7-5525-7125-7

Ⅰ.①宁… Ⅱ.①岳…②李… Ⅲ.①水资源管理-研究-宁夏 Ⅳ.TV213.4

中国国家版本馆CIP数据核字(2023)第243969号

宁夏水资源现状与节水潜力研究　　岳少莉　李建平　著

责任编辑　薛　雪
封面设计　赵　倩
责任印制　岳建宁

出 版 人　薛文斌
地　　址　宁夏银川市北京东路139号出版大厦（750001）
网　　址　http://www.ygchbs.com
网上书店　http://shop129132959.taobao.com
电子信箱　yangguangchubanshe@163.com
邮购电话　0951-5047283
经　　销　全国新华书店
印刷装订　银川银报智能印刷科技有限公司
印刷委托书号　(宁)0027840

开　　本　720 mm × 980 mm　1/16
印　　张　11
字　　数　156千字
版　　次　2023年11月第1版
印　　次　2023年11月第1次印刷
书　　号　ISBN 978-7-5525-7125-7
定　　价　68.00元

前言

宁夏水资源是影响我国西北生态屏障的关键因素。宁夏位于黄土高原、内蒙古高原和青藏高原交汇地带，地处西北内陆、黄河上中游地区，属干旱半干旱地带，具有山地、黄土丘陵、灌溉平原、沙漠（地）等多种地貌类型，是我国生态安全战略格局“两屏三带一区多点”中“黄土高原—川滇生态屏障”“北方防沙带”和“其他点块状分布重点生态区域”的重要组成部分，是我国西部重要的生态屏障，肩负着黄河流域生态保护和高质量发展先行区建设的重任。因此，优化有限水资源的配置格局，最大限度保障用水需求至关重要。然而，目前优化水资源配置格局不清晰，各区域各行业节水路径不清，节水的激励与约束机制不健全，现有水资源管理水平相对落后。

本书重点开展宁夏不同行政区域和不同生态类型区各行业（工业、农业、城市、生态）用水、耗水、节水潜力的研究。一是基于宁夏全区产业布局和行业类型，全链条解析重点行业用水关键环节与循环消耗过程，分析节水现状及水平和存在问题；二是定量评估分行业节水潜力及其关键支撑技术，提出各区不同行业真实节水的路径；三是开展用水结构优化、用水方式转变、用水效率提升的宁夏水资源高效利用战略研究，按照生活全面节水、工业深度节水、农业精准节水的思路，分区域制定不同行业节水策略及配套机制，提出了未来宁夏节水路径。

目　录

CONTENTS

第三部分 宁夏不同生态类型区水资源概况及节水策略

第一部分

宁夏水资源时空特征

第一章　宁夏水资源概况

一、宁夏水资源基本特点

宁夏降水稀少，蒸发量大，时空分布不均匀。多年（后均指近 5 年）平均年降水量为 289 mm，不足黄河流域平均值的 2/3 和全国平均值的 1/2，宁夏人均水资源量是全国平均值的 1/3，多年平均年径流深是全国均值的 1/15，属严重的资源型缺水地区，且时空分布极不均匀，由南向北递减，南部六盘山东南多年平均年降水量 800 mm，到北部黄河两岸引黄灌区仅为 179 mm。年内 70%~80%的径流集中在汛期（6—9 月），年际最大与最小年径流深相差 3 倍。宁夏全区平均年水面蒸发量为 1 250 mm，变化范围在 800~1 600 mm，是全国水面蒸发量较大的省区之一。

水资源自给匮乏，黄河过境较长。宁夏多年平均地表水资源量仅为 9.49 亿 m^3。地下水资源量为 30.73 亿 m^3，与地表水资源量间重复计算量为 28.59 亿 m^3，全区当地水资源总量为 11.63 亿 m^3。根据 1987 年国务院黄河水量分配方案，在南水北调工程生效前，宁夏可耗用黄河水资源量 40.00 亿 m^3，其中黄河干流为 37.00 亿 m^3，黄河支流为 3.00 亿 m^3，加上当地地下水可利用量为 1.50亿 m^3，宁夏可利用水资源量为 41.50 亿 m^3。宁夏境内的黄河长 397 km，天然总落差为 197 m，多年平均径流量按 317.00 亿 m^3 计，计算理论水力蕴藏量为 202.90 万 kW。

水资源质量差，水中杂质以硫酸盐类和氯化物为主。宁夏全区平均矿化度大于 2 g/L 的面积占 57%；黄河宁夏段水质矿化度为 500 mg/L 左右，近年水污染有所减轻，入出境断面评价均为Ⅳ类，城市供水水源地水质基本符合标准。而中部干旱带和黄土高原丘陵区最为缺水，不仅地表水量小，且水中含盐量高，多属苦水或因地下水埋藏较深，利用价值较低。南部半干旱半湿润山区，河系发育，主要河流有清水河、苦水河、葫芦河、泾河、祖厉河等。泾河水利资源较丰富，但其实际利用率较小。另外，有黄河流域内流区（盐池）、内陆河区（属内蒙古石羊河的中卫市甘塘）。

二、水资源供给与利用

宁夏北部引黄灌区的生产生活水资源基本源于黄河干支流。北部引黄灌区约占宁夏全区总面积的25%，多年平均降水量为178 mm，当地水资源量4.26亿 m^3，可利用水资源量1.50亿 m^3，主要为地下水资源量。计入黄河干流水资源可利用量，区域水资源可利用总量为33.40亿 m^3，占宁夏全区水资源可利用总量的80.5%，人均945.00 m^3。区域水资源以黄河地表水为主，自秦汉以来，修渠筑坝，引水灌溉，素有“塞上江南”之称，是宁夏全区的精华地带。引黄灌区浅层地下水可开采量为9.00亿 m^3，属与地表水资源量间的重复计算量，未计入可利用总量中。

中部干旱带最为缺水，不仅地表水量小，而且水中含盐量高，多属苦水或因地下水埋藏较深，利用价值较低。中部干旱风沙区约占宁夏全区总面积的53%。多年平均降水量在200~400 mm，平均值为266 mm。当地水资源量为1.70亿 m^3，可利用量为0.51亿 m^3，加上黄河干流水资源可利用量，区域水资源可利用总量为5.18亿 m^3，占宁夏全区的7.0%，人均水资源可利用量为302.00 m^3，相当于北部引黄灌区的31.96%。在固海、红寺堡、盐环定、固海扩灌四大扬黄工程覆盖范围内，供水保障程度高。扬黄灌区以外广大区域，人均水资源可利用量不足50.00 m^3，土地荒漠化和沙化现象严重，水资源严重匮乏。

南部半干旱半湿润山区。主要河流有：清水河、苦水河、葫芦河、泾河、祖厉河等。南部黄土丘陵区约占宁夏全区总面积的 22%，区域降水量为 400~800 mm，多年平均值为 472 mm。当地水资源量为 5.67 亿 m^3，可利用水资源量为2.49 亿 m^3，加上黄河干流水资源可利用量，区域水资源可利用总量为 2.96 亿 m^3，占宁夏全区的12.5%，人均水资源可利用量为 243 m^3，相当于北部引黄灌区的 25.71%。水资源以当地地表水为主，供水工程以水库、机井引提水为主，保障程度不高，是国家重点扶持的地区。

三、水资源面临的形势和存在问题

（一）干旱少雨，水资源总量不足，矛盾凸显

宁夏地理位置处于内陆干旱区域，水资源总量较为有限，南北年径流相差近百倍，干旱指数变化趋势与降水量相反，导致农业种植结构复杂、雨养农业稳定性差。

尽管引黄灌区通过引水工程进行水资源补给，但仍难以满足宁夏全区的水需求。一是经济社会发展和人口增长使得本地区对水资源的需求不断增加，而水资源总量有限，供需矛盾日益突出。二是过度开采地下水资源导致存量逐渐减少，形成了地下水资源的不可持续利用。三是生态环境保护对水资源的需求也在增加，而水资源供应难以同时满足经济发展、人民生活和生态保护的需要。

（二）水利基础设施薄弱，水资源调控能力不足

北部引黄灌区。引黄灌区灌溉历史悠久，主要水利设施大多是 20 世纪五六十年代在旧设施的基础上经整修、改造、扩建而成的，工程标准低，工程带病、带险运行，安全供水保证难度大。由于投资不足，工程老化、失修严重，据统计，2017 年，骨干渠道滑塌、渗漏严重的段落长度仍有约 350 km，40%左右的骨干建筑物老化损坏严重，安全隐患较多；支斗渠仍有 55%属土渠，输水效率低，水量损失大。特别是青铜峡灌区唐、西、惠、汉四大干渠平行、近距离布置，空流段长，输水损失大。沙坡头灌区南北干渠及灌区节

水改造工程未实施，枢纽引水不能实现，以灌溉为主要任务的沙坡头水利枢纽效益得不到发挥。2017 年，骨干排水沟道淤积滑塌段长度超过 380 km，支斗沟冲刷、淤积段有 2 446 km、滑塌段有 356 km，沟道堵塞严重，排水不畅。因此造成灌区土壤盐碱化严重，中低产田占总耕地面积的 49.70%。大中型扬水灌区农渠砌护率为 23.08%，田间工程不配套。同时，灌区防洪工程建设标准低，沿山干渠多数山洪直接入渠，严重威胁输水安全。

中部干旱带。扬水工程老化严重，运行管理举步维艰。固海、盐环定等大型扬水工程，担负着 150 多万亩（1 亩约为 666.67 m²）农田灌溉和中部干旱带近 70 万人的安全饮水、生态保护、移民安置、社会稳定等艰巨任务，是中部干旱带的生命工程。由于供水任务重、长期超负荷运行，且缺乏维修改造资金，工程及设备老化失修严重，配套设施不完善，泵站已超期服役，安全运行难以保障，运行状况日趋恶化。泵站工程完好率 52%~61%，设备完好率 48%~64%，管理设施、控制手段落后，缺少自动化监控和基本的信息化设施，已严重影响了扬水工程的效率，不仅制约了扬水灌区发展的需水要求，而且对中部干旱带发展的水资源支撑保障作用也出现了危机。

南部山区。大部分属黄土丘陵区，沟壑发育，水资源调配主要以水库为主。截至 2022 年年底共有水库 210 座，总库容 7.78 亿 m³，由于水土流失严重，库区淤积，有效库容严重萎缩，现有总库容 3.90 亿 m³，有效库容不到 1.00 亿m³。加之受历史条件限制，水库建设标准低，存在着不少缺陷和隐患，基本实行空库迎汛的运行方式，水库调节能力有限，不能充分调蓄有限的水资源。泾河流域水资源量相对充沛，水质较好，但缺少调蓄工程，水资源不能有效利用。

（三）用水结构失衡，水资源利用效率不高

行业用水结构失衡，水资源利用效率低。宁夏全区用水结构不尽合理，农业灌溉用水占总用水量的 93.10%，而全国平均值为 68.00%；工业用水量仅占 4.50%，远低于全国和黄河流域平均水平。农业内部用水结构也不合理，引

黄灌区高耗水作物所占比例偏大，2021 年水稻亩均实际灌溉用水量约为 974 m^3，是全国平均水平的 2 倍，全国 2021 年水稻亩均灌溉实际用水量为 500 m^3。

浅层地下水利用程度低，土壤盐化严重。地表水、地下水利用结构不合理，引黄灌区主要利用黄河过境地表水，由于工程标准低、设施不配套、老化失修严重，渠道衬砌率低，渠系输水渗漏及田间入渗补给量大，按目前年均引黄水量 65.00 亿 m^3 计算，地下水补给量达 22.40 亿 m^3，可开采量 16.10 亿m^3。但现状开采浅层地下水约 3.20 亿 m^3，仅占可开采量的 12.70%，造成北部引黄灌区地下水位高，常年埋深在 1.0~1.5 m，灌区土壤盐渍化程度较高。

水资源利用效率及效益有待提高。在宏观用水效率和效益方面，宁夏用水水平相对于全国先进水平来说还较低。宁夏引黄灌区是在干旱荒漠地带建立的灌溉农业区，因灌区水利设施老化，渠道渗漏严重，灌溉水利用系数仅为 0.38 左右，低于全国平均水平；2020 年宁夏全区工业万元产值取水量为 130.84 m^3，约是全国平均水平的 1.5 倍；城市生活用水节水型产品普及率为 30%。宁夏全区用水水平与水资源紧张形势不匹配，用水结构、用水效率与现代化建设的需要不相适应。

（四）非常规水利用程度低，效率不高

鉴于雨水资源化利用量难以统计，非常规水源利用量仅包括再生水、矿井疏干水和苦咸水。现宁夏全区废水及污水、矿井疏干水和苦咸水总量为 8.09亿 m^3，其中利用量为 0.98 亿 m^3，占比为 12.1%，整体利用水平偏低。

再生水：宁夏全区现状污水处理厂实际年处理量为 3.86 亿 m^3，平均日处理 105.60 万 m^3/d，占设计处理规模的 61.40%。宁夏全区现状再生水年利用量为 0.53 亿 m^3、利用率为 13.60%，其中城市再生水利用量为 0.49 亿 m^3、利用率为 15.10%，工业园区再生水利用量为 0.04 亿 m^3、利用率仅为 6%，主要用于工业生产、绿化、湖泊补水等。

矿井疏干水：宁东煤田和宁南煤田现状年矿井疏干水总量为 0.66 亿 m^3，利用量为 0.22 亿 m^3，利用率为 33.00%。其中，宁东煤田矿井疏干水量为

0.61亿 m^3，利用量为 0.20 亿 m^3，利用率为 32.80%；宁南煤田矿井疏干水量为 0.05 亿 m^3，利用量为 0.02 亿 m^3，利用率为 33.20%。

城市中水利用率低。宁夏中水利用工程建设时间较晚，2003 年，银川市、石嘴山市各建成日处理能力 4.0 万 m^3 中水处理厂一座。到 2006 年，宁夏全区污水处理能力为 2 600 万 m^3，再生水利用量为 300 万 m^3。

矿井疏干水利用率低。现在，全区各主要煤矿年矿井疏干水排水量为 4 239 万 m^3，其中 32.4%经处理后回用于井下消防洒水及部分地面绿化，与国家要求到 2010 年矿井疏干水的利用率 70%差距较大。

苦咸水：宁夏全区苦咸水利用量仅为 0.24 亿 m^3。地表苦咸水的利用主要集中在海原县、同心县及彭阳县的部分农业灌溉，利用量 0.11 亿 m^3；地下苦咸水的利用主要集中在引黄灌区、清水河和葫芦河河谷地区的部分农业灌溉，利用量 0.12 亿 m^3。

（五）降水时空差异大，雨养农业需水规律与降水规律匹配度较低

20 世纪 50 年代至 70 年代，共建不同规模的水窖约 40 万眼，现存 36.77 万眼，建设初期主要用于解决当地居民生活饮用水问题，目前主要用于家庭畜禽养殖和庭院经济等。但是，用于耕地灌溉水窖较少，除库井灌区采用当地地表水进行灌溉以外，其他区域全部为雨养农业，降水与作物生长规律匹配度较差，导致大量降水浪费，且粮食产量稳定性差。

第二章　宁夏水资源时间动态特征

一、宁夏水资源的时间动态

（一）宁夏水资源总量

2000—2021 年宁夏年平均水资源总量为 10.34 亿 m^3，水资源总量总体上随时间呈现波动变化。其中在 2000 年水资源总量最小，约为 6.90 亿 m^3，2018 年最大，约为 14.70 亿 m^3。从整体来看，在 2004—2017 年，宁夏的水资源总量变化幅度范围较小，呈现出平稳的趋势。然而，在 2000—2021 年间，出现了两次变化较为明显的峰值，分别是在 2002 年和 2018 年，尤其是在 2018 年，其水资源总量超过了平均水资源总量的 30%，但是，从 2019 年开始水资源总量呈现急剧下降趋势，且在 2019—2021 年持续下降。在 2000—2021 年，宁夏水资源总量随时间大致经历了 5 个时期，即快速上升期（2000—2002 年）、下降期（2002—2005 年）、平稳期（2005—2017年）、快速上升期（2017—2018 年）、下降期（2018—2021 年）。而在不同的波动变化期间，水资源总量极值差达到 7.80 亿 m^3，这也表明了当地降水量年际变化的较大差异性（图 1-2-1）。

（二）降水量与地表水和地下水随时间变化的规律

在 2000—2021 年，宁夏平均年降水量达到 153.00 亿 m^3；同时，降水量在 2018 年和 2005 年达到最大值和最小值，其值分别为 201.60 亿 m^3 和 102.90 亿 m^3。在2000—2021 年，降水量随时间变化，具体来说，2018 年之前，除了 2003—2005 年，降水量随时间整体上呈上升趋势，但 2018 年以来降水量趋于下降。

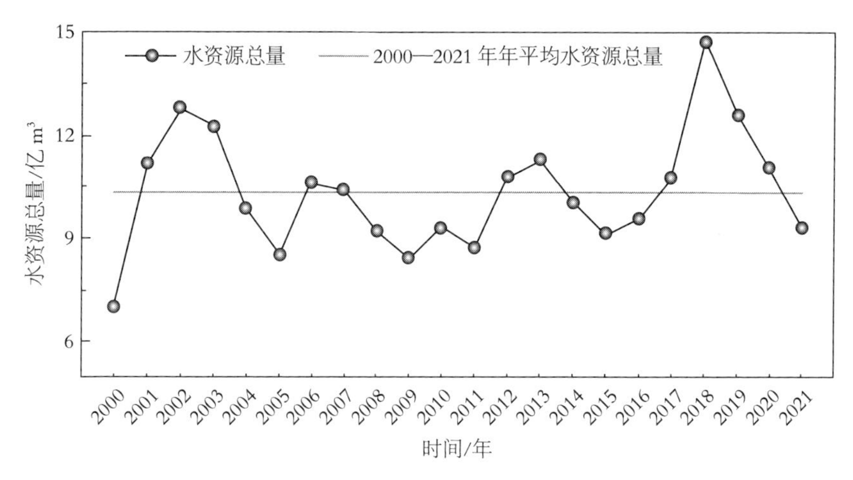

图 1-2-1　2000—2021 年宁夏水资源总量动态变化

地表水资源量和地下水资源量随时间的变化趋势基本一致，但二者各自达到峰值的时间略有不同。地表水资源量在 2018 年达到最大值，约为 11.95 亿 m^3，而在 2000 年达到最小值，约为 5.87 亿 m^3，22 年间的平均地表水资源量为 8.21 亿m^3。地下水资源量在 2001 年达到最大值，约为26.89 亿 m^3，而在 2021 年达到最小值，约为 16.41 亿 m^3，22 年间的平均地下水资源量为 22.05 亿m^3。

地表水资源量和地下水资源量随时间的变化趋势主要和降水量随时间的变化相关，在 2000—2003 年，地表水资源量和地下水资源量随降水量的增大而增大，在 2003—2005 年，随降水量的减少而减少，尤其是在 2018—2021 年，这种趋势尤为明显，由于降水量在这 4 年期间快速下降，导致地表水资源量和地下水资源量也逐渐呈下降趋势，但地下水资源量随降水量变化的幅度小于地表水资源量随降水量变化的幅度。在 2000—2021 年宁夏地表水资源量和地下水资源量较为稳定，这与当地降水量的变化密不可分（图 1-2-2）。

（三）宁夏黄河径流量时间动态

2000—2021 年，黄河入境和出境年径流量基本相当，二者随时间的变化趋势也基本保持一致，具体来看，黄河入境年径流量和出境年径流量均在2020年达到最大值，其入境年径流量和出境年径流量值分别为 490.80 亿 m^3 和

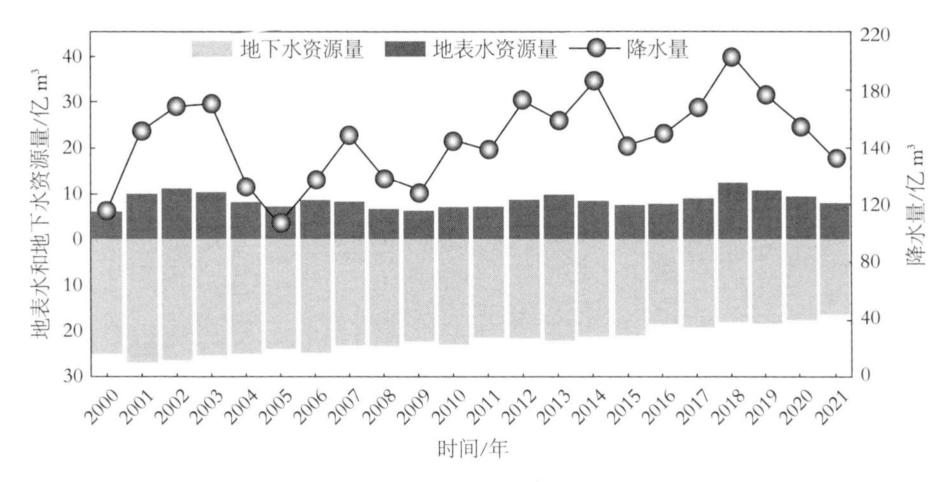

图 1-2-2　2000—2021 年宁夏降水量、地表水和地下水水资源量动态变化

450.10 亿 m³，而二者均在 2003 年达到最小值，其值分别为 202.40 亿 m³ 和 172.50 亿 m³。整体来看，在 2000—2017 年，黄河入境年径流量和出境年径流量随时间的变化相对稳定，只有在 2012 年快速上升之后趋于稳定，而在 2018—2020 年，黄河入境年径流量和出境年径流量均随时间变化而快速上升并达到各自峰值，随后在 2021 年下降。2000—2021 年，黄河进出境水量平均差值为 37.00 亿 m³，从该项数据分析得知，宁夏全区对于黄河水域整体利用规模相对较小，宁夏段黄河流域总水量在 20 多年间基本处于稳定状态（图 1-2-3）。

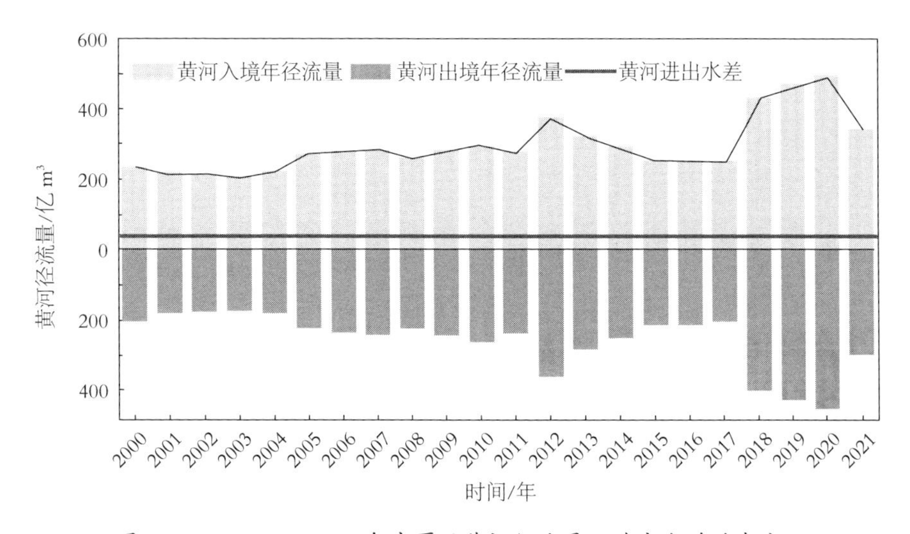

图 1-2-3　2000—2021 年宁夏段黄河径流量及进出水差动态变化

2000—2021 年，宁夏降水量与黄河径流量随时间的变化趋势相关性并不明显，在此期间，尽管降水量波动范围较大，但黄河出入境径流量变化趋于平缓，并没有受到降水量变化的强烈影响，因为，黄河流域宁夏段降水量总量相对于黄河其他段整体较低。从图中可以看出（图 1-2-4），2000—2021 年降水量波动较大，在 2018 年达到最大值，而黄河径流量在 2018 年开始上升（图 1-2-3）。整体来看，2000—2021 年，降水量与黄河径流量在峰值时二者具有时间趋同性，其随时间变化的趋势较为一致，而当降水量处于均值正常范围时，黄河出入境径流量与降水量的变化趋势并不一致，对于宁夏当地农业引黄灌区而言，可能当地的降水量并不是影响引黄灌区流量大小的关键因素，但在当地，丰水年降水量与黄河径流量总水量密切相关。

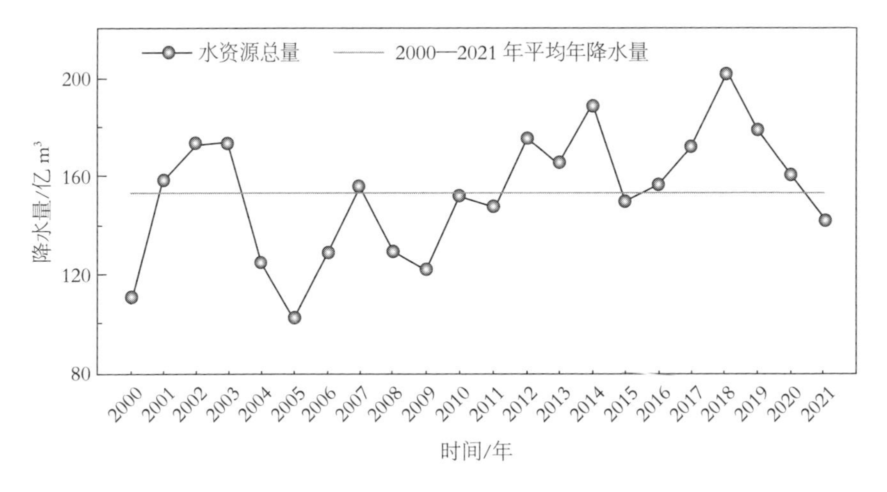

图 1-2-4　2000—2021 年宁夏降水量动态变化

（四）宁夏灌区黄河水总量动态

2000—2021 年，宁夏灌区引黄总水量随时间变化趋于稳定，基本呈现逐年下降趋势，但下降趋势较为平缓。2003 年和 2010 年灌区引黄总水量显著降低，其中在 2010 年达到 22 年中的最小值，为 46.59 亿 m^3，而灌区排水量则在 2021 年达到最低，其值为 22.7 亿 m^3。灌区排水量均值比灌区引黄总水量均值减少了一半（图 1-2-5）。

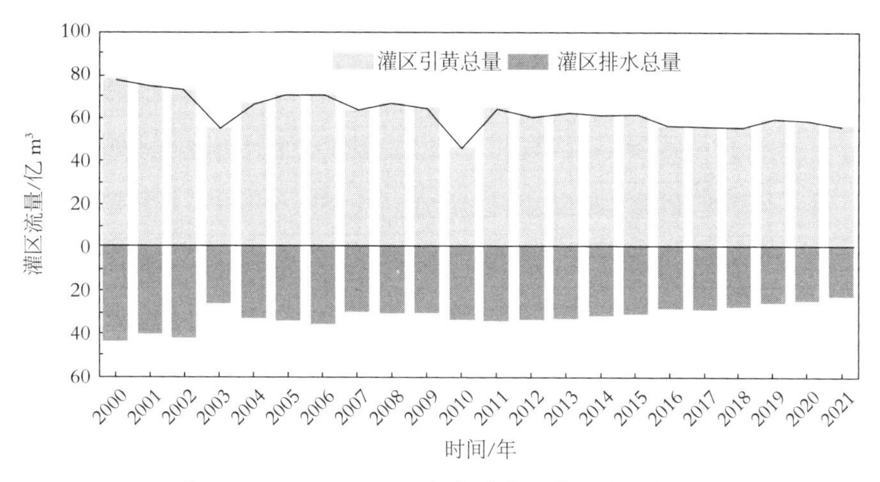

图 1-2-5　2000—2021 年宁夏灌区总水量动态变化

二、宁夏农业水资源的时间动态

农业用水，指由水利工程直接供应的粮食作物、经济作物用水和水产养殖用水，农业水价是水商品的交换价格，水价标准一般都由各级政府制定。在农业供水方面，水价一般能达到成本的 20%左右。农业是宁夏主要的水资源消耗行业，宁夏耕地主要由水田、旱地和水浇地组成。其中旱地的种植面积远大于水田和水浇地，而水田和水浇地面积相差不大，造成这种旱地种植面积较大的主要原因是降水稀少和灌溉沟渠建设困难。旱地面积基本维持在 115 万 hm^2，2004—2021 年旱地面积波动主要由于统计口径发生了变化，与之相对应的农业用水量也呈现相同的变化趋势，在此期间，由于旱地的种植面积增大，农业用水量和来自农业用水的地下水用量均下降，然而，我们从图中可以看出农业用水地下水用量和农业耗水地下水用量的比重较小，且与不同耕地类型相关性较弱，在 2004—2021 年随时间变化趋于稳定。此外，农业耗水量与水田和旱地的种植面积密切相关，三者随时间变化趋势基本相同，农业用水量与农业耗水量随时间变化趋势保持一致，二者的变化均与不同耕地类型显著相关。

随着近年来宁夏回族自治区政府的节水政策的施行，从 2012 年开始旱地和水田均有不同程度增加，但农业用水量和农业耗水量均随时间呈下降趋势，农业节水有了一定成效。从 2019 年开始，旱地面积减少而水田面积相对增加面积后，农业用水量和农业耗水量出现较小幅度的增加，这也说明宁夏的农业用水量与当地的耕地类型密切相关，提高农业水利用效率将有利于缓解当地因降水量不足而引起的农业用水资源的紧张（图 1-2-6）。

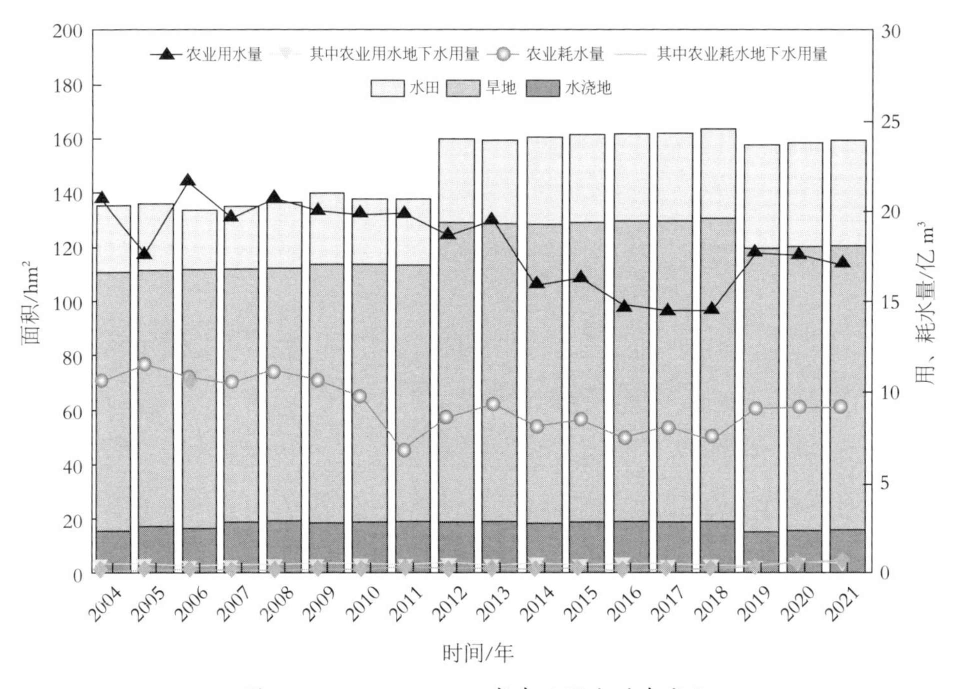

图 1-2-6　2004—2021 年农业用水动态变化

第二部分

宁夏各区域不同行业节水路径

第三章　固原市不同行业节水路径研究

一、固原市水资源时间动态

（一）固原市水资源时间动态

1. 水资源总量与时间关系

2000—2021 年，固原市水资源总量总体呈微弱减少态势，年际波动较明显。22 年内固原市水资源总量年均值为 5.151 亿 m³，其中水资源总量在 2009 年达到最小值，水资源总量仅为 3.078 亿 m³，而水资源总量最高为 2003 年，全年水资源总量为 7.691 亿 m³。2000 年以来，固原市水资源总量出现了 4 次比较大的增减变化趋势，分别是 2003 年、2009 年、2013 年和 2019 年，其中只有 2009 年处于低值（图 2-3-1）。

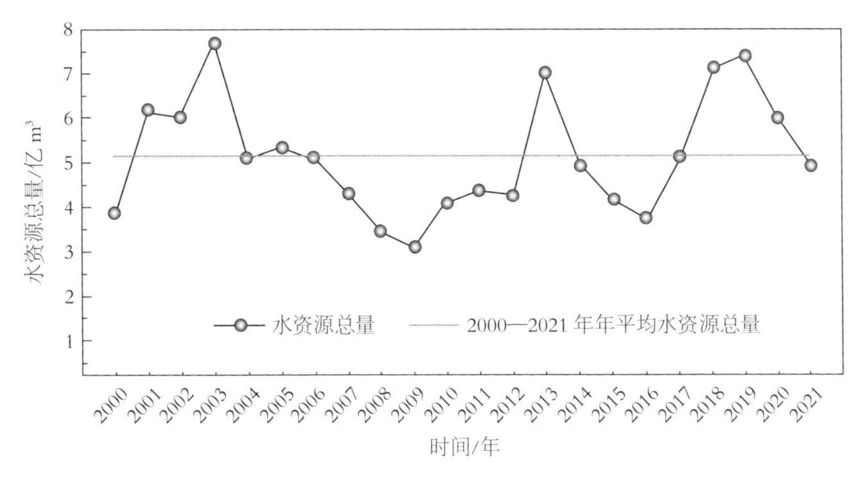

图 2-3-1　2000—2021 年固原市水资源总量动态变化

2. 降水量与地表水和地下水随时间变化的规律

2000—2021 年，固原市年际降水量波动幅度强于地表水资源量和地下水资源量。除 2005 年外，地表水资源与降水量保持基本一致的波动趋势，地下水资源量随年际降水量的变化较小，除 2008 年、2010 年、2012 年外，地下水资源量相对较平稳。总体来看，固原市降水量对地表水的补给略高于对地下水的补给（图 2-3-2）。

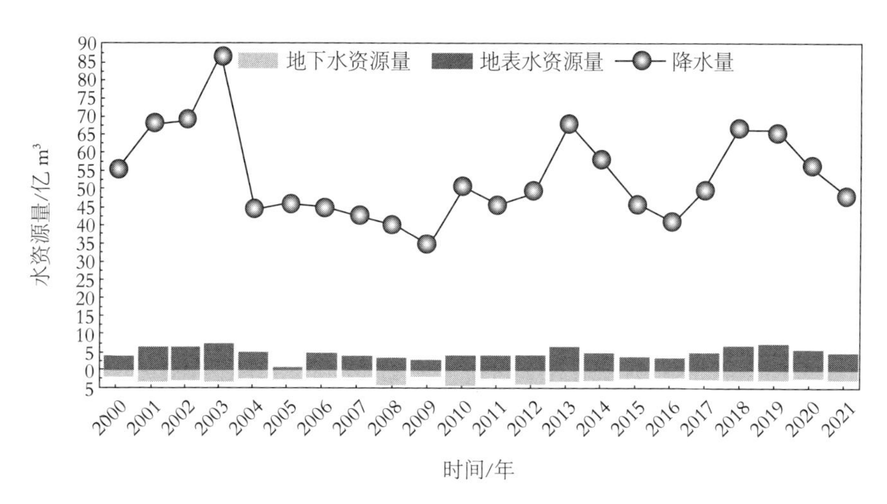

图 2-3-2　2000—2021 年固原市降水量、地表水和地下水资源量动态变化

（二）固原市分行业用水动态

1. 农业用水动态

2000—2021 年，固原市平均农业用水量为 1.240 亿 m³，其中农业用水量在 2003 年达到 22 年中最大值，为 2.238 亿 m³，而最小为 2009 年，其值为 0.803 亿 m³。整体来看，22 年内固原市用于农业的地下水资源量与农业用水量基本呈现出一致的波动变化， 2008 年以来农业用水量低于年平均值(图2-3-3)。

2. 工业用水动态

2000—2021 年，固原市平均工业用水量为 0.068 亿 m³，2005 年前，工业用水基本全部来自地下水。工业用水量在 2018 年达到 22 年中最大值，为

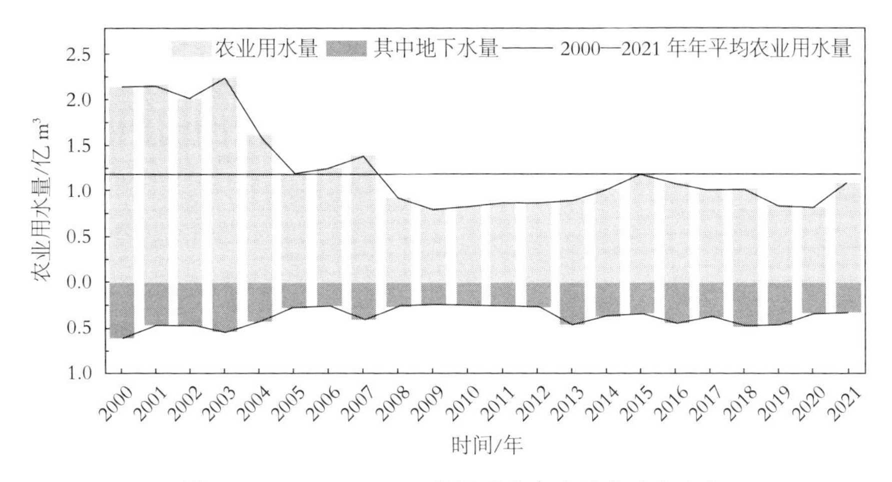

图 2-3-3　2000—2021 年固原市农业用水动态变化

0.118 亿 m³，而最小为 2008 年，其值为 0.036 亿 m³。整体来看，22 年来固原市工业用水量呈先减少后增加的波动变化趋势，自 2015 年开始工业用水量均高于 22 年的平均值，2006 年开始用于工业用水的地下水占比减少（图 2-3-4）。

图 2-3-4　2000—2021 年固原市工业用水动态变化

3. 生活用水动态

2000—2021 年，固原市生活用水呈现出波动增加的趋势，平均生活用水量为 0.185 亿 m³，其中生活用水量在 2021 年达到 22 年中最大值为 0.376 亿m³，而最小为 2000 年，其值为 0.050 亿 m³。2015 年之前生活用水大部分来自地下水。整体来看，22 年中固原市生活用水出现了两次比较大的增减变化趋势，分别是 2006 年较上一年增加了 0.183 亿 m³ 和 2016 年较上一年减少了 0.130 亿m³（图 2-3-5）。

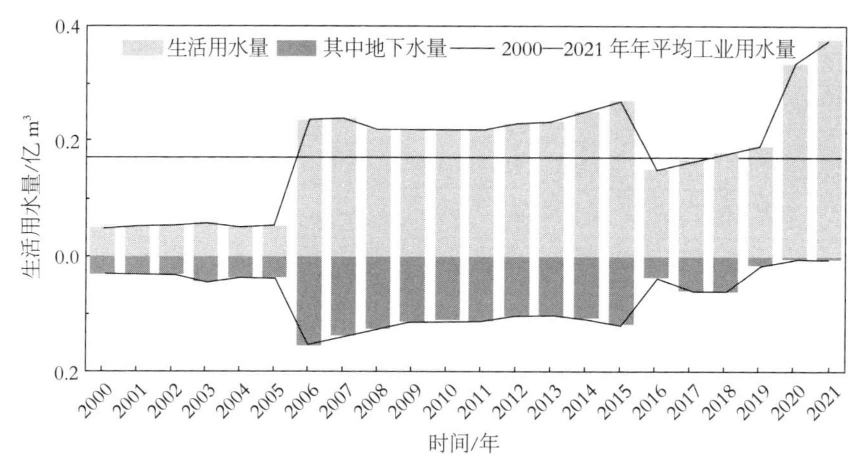

图 2-3-5　2000—2021 年固原市工业用水动态变化

4. 生态用水动态

2000—2021 年，固原市平均生态用水量为 0.113 亿 m³，主要集中在 2005 年以前，其中 78%以上来自地下水。2020 年和 2021 年固原市虽然在生态用水方面投入较少，但是减少了生态用水的地下水的开采。整体来看，固原市在 2005 年以后减少了对生态用水方面的投入（图2-3-6）。

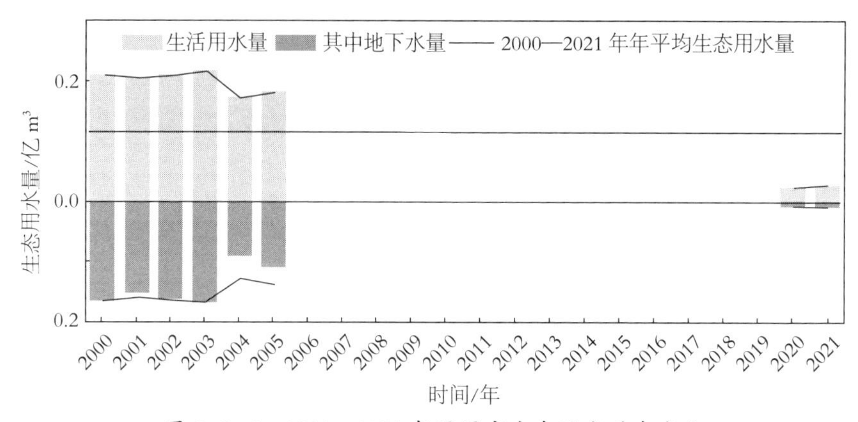

图 2-3-6　2000—2021 年固原市生态用水动态变化

注：2006—2019 年无统计数据。

5. 用水类型与地表水、地下水、降水量之间的相关关系

2000—2021 年，固原市农业用水量与降水量和地表水资源量年际波动趋势基本一致，地下水资源并未随农业用水量的变化发生明显的同步波动，而是保持在比较稳定的区间。固原市年际工业用水量波动幅度较小并且与地下水资源量波动较为一致，与降水量和地表水资源量呈现出明显的相关关系。生活和生态用水量与降水量、地表和地下水资源量未表现出明显同步或相反的一致关系（图 2-3-7）。

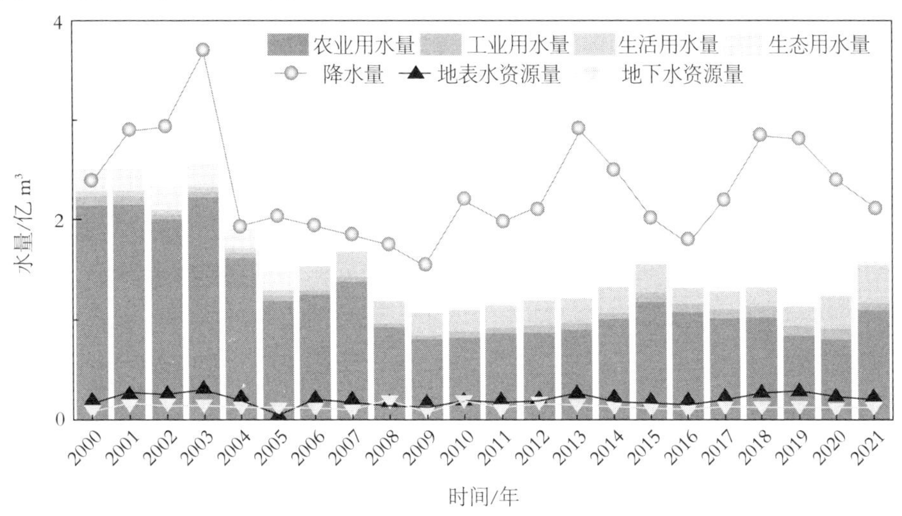

图 2-3-7　2000—2021 年固原市用水类型与降水量、地表水和地下水资源量的动态变化

（三）固原市分行业水资源耗费

1. 农业耗水动态

2000—2021 年，固原市平均农业耗水量为 1.008 亿 m³，其中农业耗水量在 2003 年达到全年最大值，为 1.779 亿 m³，而最小为 2020 年，其值为 0.691 亿m³。整体来看，固原市农业耗水量呈波动下降趋势，用于农业的地下水量与农业耗水量随时间波动趋势基本一致（图 2-3-8）。

2. 工业耗水动态

2000—2021 年，固原市平均工业耗水量为 0.042 亿 m³，其中工业用水量在2018 年达到 22 年中最大值为 0.080 亿 m³，而最小为 2006 年和 2008 年，其

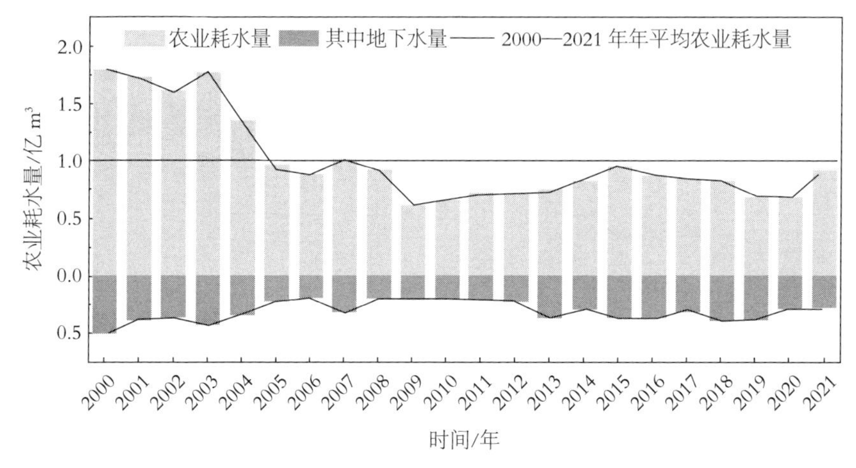

图 2-3-8　2000—2021 年固原市农业用水动态变化

值均为 0.011 亿 m³。整体来看，22 年间固原市工业耗水呈现波动上升的趋势，其中自 2012 年开始工业耗水量高于近 22 年的年平均耗水量（图 2-3-9）。

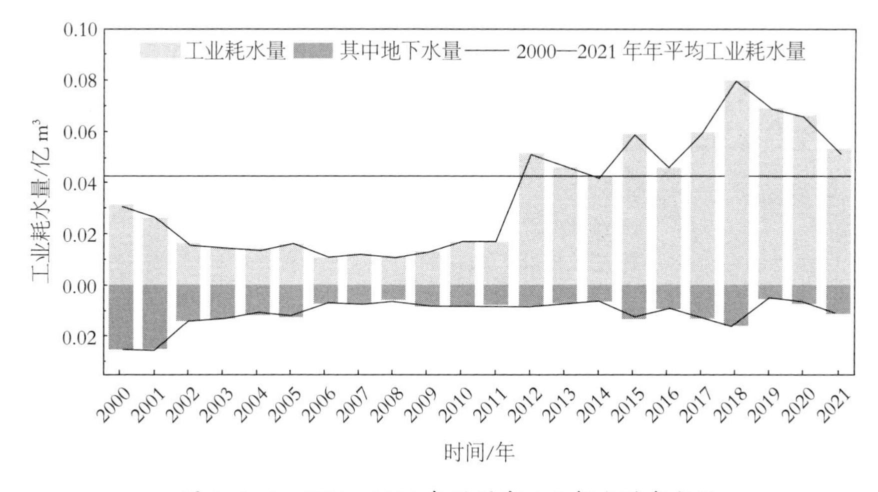

图 2-3-9　2000—2021 年固原市工业耗水动态变化

3. 生活耗水动态

2000—2021 年，固原市平均生活耗水量为 0.108 亿 m³，其中大约 45%来自地下水。生活耗水量在 2021 年达到全年最大值为 0.213 亿 m³，而2006 年以前均较小，其值约为 0.017 亿 m³。整体来看，固原市生活耗水年际波动极不均匀，但是自 2016 年开始生活耗水中的地下水量明显减少（图 2-3-10）。

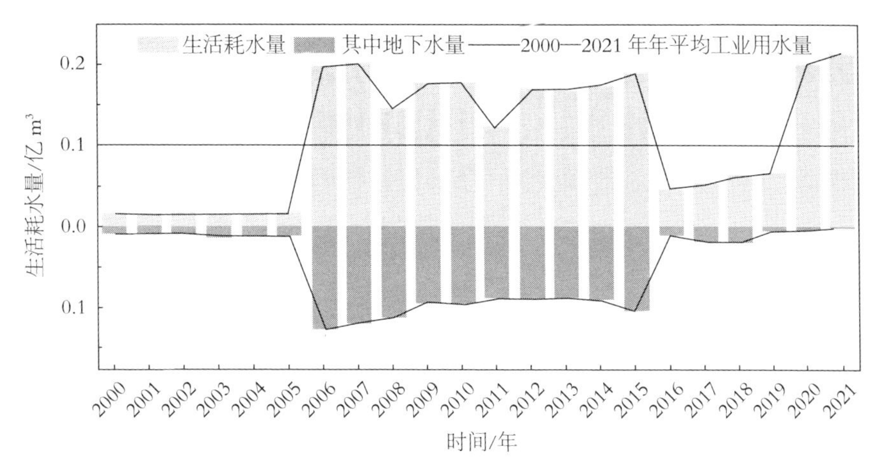

图 2-3-10　2000—2021 年固原市生活耗水动态变化

4. 生态耗水动态

2000—2021 年，固原市平均生态耗水量为 0.156 亿 m³，其中 2006 年前生态耗水大约 75%来自地下水。生态耗水量在 2003 年达到全年最大值为 0.217 亿 m³，而最小为 2020 年，其值为 0.026 亿 m³。整体来看，2006 年前固原市生态耗水年际波动平稳，近两年，生态耗水量减少，地下水占比下降，生态耗水主要来源为地表水（图 2-3-11）。

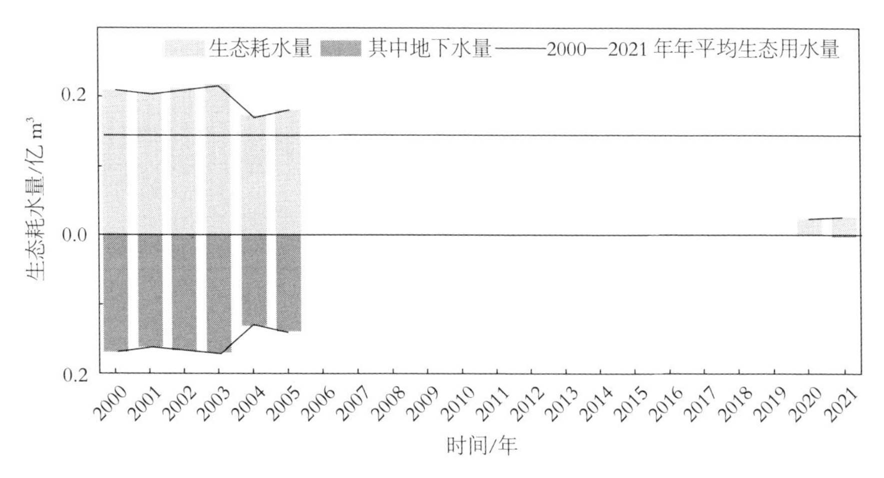

图 2-3-11　2000—2021 年固原市生态耗水动态变化

5. 用水量与耗水量之间的比例关系

2000—2020 年，固原市农业用水量在四类行业中占比最高，平均占总耗水的80%左右，最少年占比为 65%，总体随年份呈波动减少的趋势，工业用水量随年份呈波动增加趋势。2006 年以前生态用水量次于农业用水量，2006 年以后生活用水量次于农业用水量。同样，固原市农业耗水量居四类行业耗水量首位，最少年占比为 70%（2020 年）。2006 年以前生态耗水量次于农业耗水量，2006 年以后生活耗水量次于农业耗水量。工业耗水量随年份呈波动增加趋势，但增加不明显（表 2-3-1）。

表 2-3-1　2000—2020 年固原市各行业用水、耗水量

单位：亿 m^3

年份	农业用水量	工业用水量	生活用水量	生态用水量	农业耗水量	工业耗水量	生活耗水量	生态耗水量
2000 年	11.863	2.204	0.199	0.061	5.011	0.441	0.06	0.260
2001 年	12.071	1.989	0.191	0.063	6.828	0.337	0.057	0.063
2002 年	12.480	1.674	0.193	0.065	5.117	0.32	0.058	0.065
2003 年	9.330	1.453	0.193	0.067	5.068	0.367	0.058	0.067
2004 年	10.433	1.193	0.231	0.067	5.112	0.432	0.058	0.067
2005 年	11.603	1.247	0.231	0.069	6.046	0.450	0.058	0.069
2006 年	11.246	1.228	0.289	—	5.527	0.443	0.125	—
2007 年	10.685	1.237	0.286	—	5.720	0.472	0.128	—
2008 年	11.554	1.058	0.232	—	6.192	0.459	0.105	—
2009 年	11.039	1.346	0.237	—	5.947	0.666	0.109	—
2010 年	10.766	1.325	0.265	—	5.427	0.648	0.107	—
2011 年	10.932	1.370	0.273	—	5.307	0.736	0.063	—
2012 年	10.294	1.219	0.273	—	4.369	0.713	0.117	—
2013 年	11.400	1.315	0.273	—	4.993	0.677	0.117	—
2014 年	9.370	1.268	0.315	—	4.312	0.637	0.127	—
2015 年	9.721	0.970	0.312	—	4.535	0.496	0.130	—

续表

年份	农业用水量	工业用水量	生活用水量	生态用水量	农业耗水量	工业耗水量	生活耗水量	生态耗水量
2016 年	8.651	0.890	0.316	—	3.557	0.466	0.092	—
2017 年	8.680	0.865	0.338	0.297	4.089	0.497	0.111	0.625
2018 年	9.411	1.023	0.455	0.252	4.245	0.471	0.149	0.252
2019 年	10.613	0.980	0.470	0.621	4.884	0.488	0.148	0.621
2020 年	10.723	0.749	0.419	0.870	5.217	0.553	0.151	0.870

注："—"表示该年份无数据。

（四）固原市农业用水、耗水与耕地面积关系分析

整体来看，2000—2021 年固原市农业用水量、耗水量与水田面积呈现出降低的趋势，农业地下用水量、耗水量与水田面积同时表现出微弱波动变化，其中农业用水量、耗水量下降幅度大于水田面积减少的幅度。农业地下水用量随水浇地面积增加而增加，表现出同步波动变化的趋势。农业用水、耗水量与旱田面积未表现出明显的一致或相反的变化趋势（图 2-3-12）。

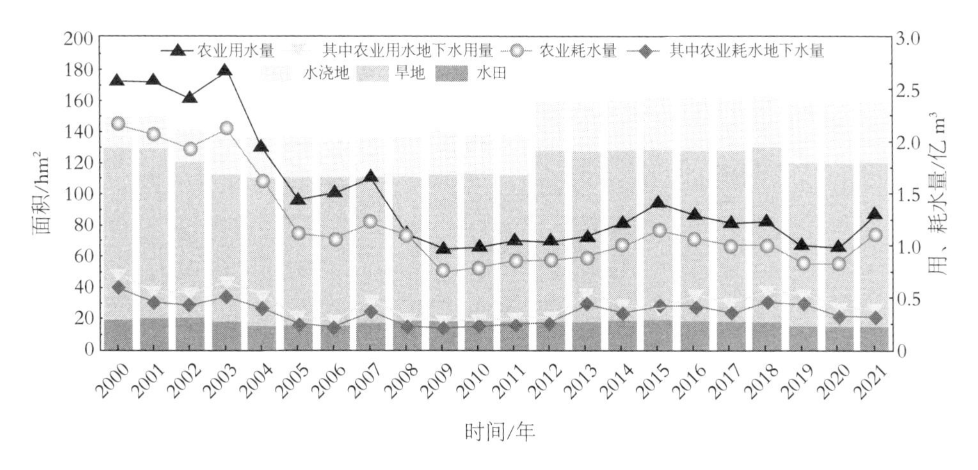

图 2-3-12　2000—2021 年固原市耕地类型与农业用水、耗水量关系

注：耕地类型的面积为宁夏全区耕地面积。

二、固原市水资源空间分布

（一）降水空间分布

固原市平均年降水量为 472 mm，约为全国平均值的 73%，多年平均降水量为 50.203 亿 m^3，降水地区分布极不均匀，由南向北递减（图 2-3-13）。南部六盘山东南多年平均降水量为 700 mm，到北部扬黄灌区为 400 mm。多年平均年径流深由南部六盘山区东南侧的 300 mm 向北递减至原州区边缘 25 mm 左右，相差近 12 倍。其中原州区、西吉县、隆德县、泾源县和彭阳县降水量分别为12.447 亿 m^3、13.285 亿 m^3、5.272 亿 m^3、7.214 亿 m^3 和 11.985 亿 m^3。河川径流量的主要补给来源为降水，径流的季节变化与降水的季节变化关系十分密切。70%以上的降水集中在汛期（6—9 月），多年平均径流量为 5.292 亿 m^3，平均径流深为 49.7 mm。

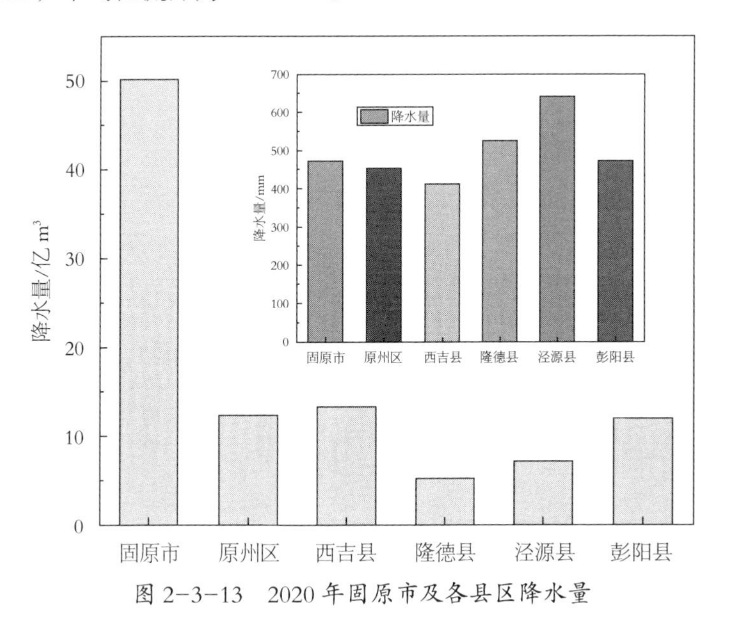

图 2-3-13　2020 年固原市及各县区降水量

（二）地表水资源量

固原市多年平均地表水资源量为 5.292 亿 m^3，其中原州区、西吉县、隆德县、泾源县和彭阳县地表水资源量分别为 0.943 亿 m^3、0.803 亿 m^3、0.725 亿m^3、1.999 亿 m^3 和 0.822 亿 m^3，见图 2-3-14。泾源县地表水资源量占到固原地表水资源量的38%，是泾河和茹河主要发源地；原州区地表水占固原地表水资源的 18%，是黄河宁夏段第一大支流清水河的主要发源地。地表水矿化度>2 g/L 的苦咸水量为 0.423 亿 m³，占地表水资源量的 8%，主要分布在清水河流域的冬至河、中河及葫芦河的滥泥河等支流。苦咸水利用主要集中在原州区、西吉县，利用方式为与黄河水及地表水掺和用于农业灌溉，年用水量约为 150 万 m³。

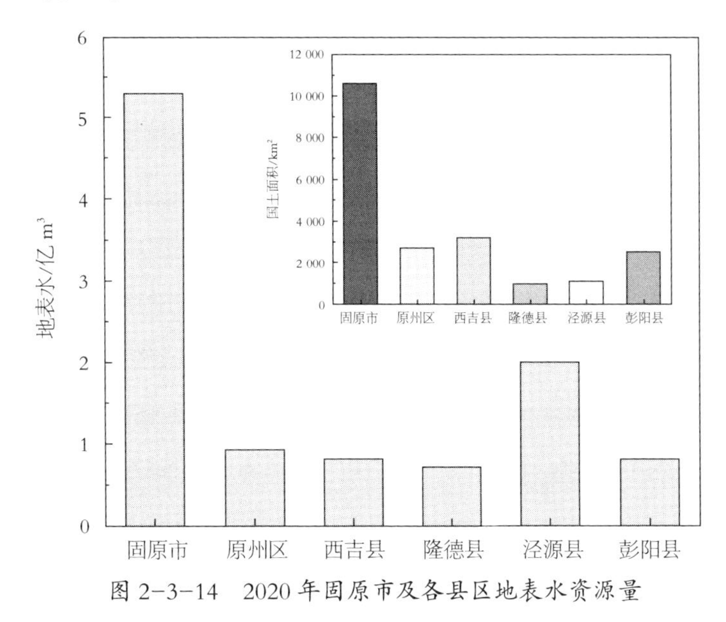

图 2-3-14　2020 年固原市及各县区地表水资源量

（三）地下水资源量

固原市地下水资源总量为 2.659 亿 m³，约占固原市水资源总量的 50%左右，是固原农业灌溉的主要来源，农业灌溉水井 4 100 眼，开采地下水 4 820 万 m³（图 2-3-15）。

（四）水资源总量

固原市多年平均水资源量为 5.824 亿 m³，其中泾源县水资源总量为 2.01 亿 m³，占到固原市水资源总量的 34.41%，平均产水模数为 5.48 万 m³/km²，是固原市主要水源区；原州区多年平均水资源量为 1.21 亿 m³，占固原市水资源总量的20.8%，产水模数为 4.41 万 m³/km²；隆德县、彭阳县和西吉县，缺

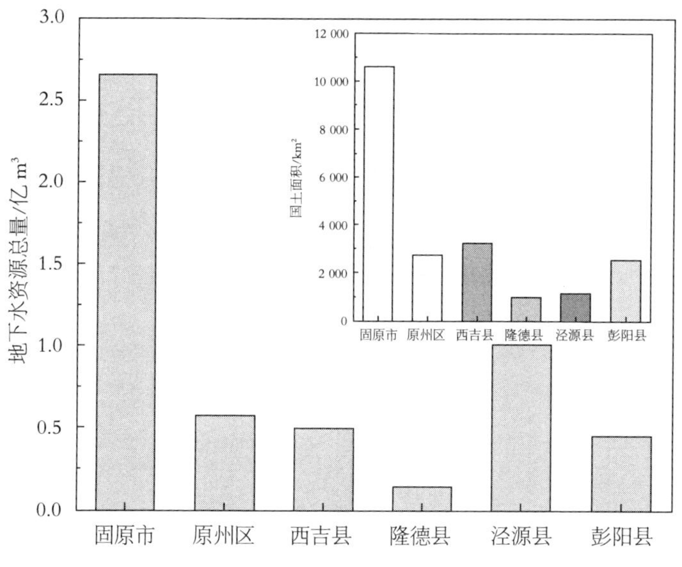

图 2-3-15　2020 年固原市及各县区地下水资源量

水较为严重，三县水资源总量约占固原市总量的 44%，产水模数较低（图 2-3-16）。人均水资源量为 378 m³，是全国人均水平（2 062 m³）的 18.30%。其中泾源县产水模数最高，为 17.79 万 m³/km²（表 2-3-2）。

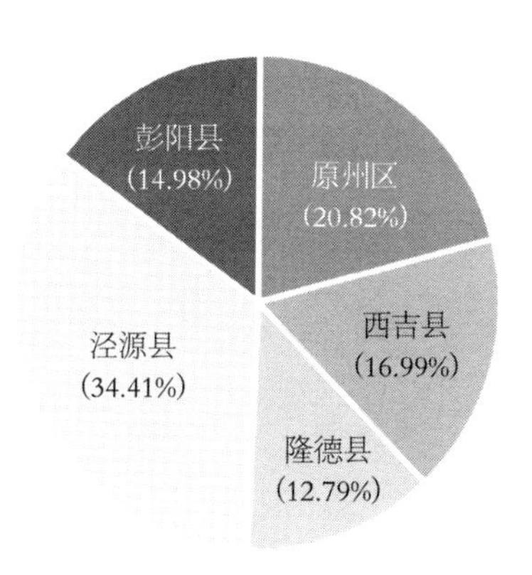

图 2-3-16　固原市各县区水资源总量占比

表 2-3-2　固原市及各县区多年平均水资源量

地区	计算面积/km^2	降水量/亿 m^3	地表水资源/亿 m^3	地下水资源/亿 m^3	重复计算量/亿 m^3	水资源总量/亿 m^3	产水模数/（万 m^3·km^{-2}）
固原市	10 636	50.203	5.292	2.659	2.125	5.824	5.48
原州区	2 748	12.447	0.943	0.569	0.299	1.213	4.41
西吉县	3 211	13.285	0.803	0.494	0.307	0.990	3.08
隆德县	1 005	5.272	0.725	0.132	0.112	0.743	7.41
泾源县	1 127	7.214	1.999	1.014	1.008	2.005	17.79
彭阳县	2 545	11.985	0.822	0.450	0.399	0.873	3.43

三、固原市水资源利用状况

供水量：2016—2020 年固原市平均供水总量为 1.373 亿 m^3，其中，地下水为 0.505 亿 m^3，占总供水量的 36.8%。2020 年全市总供水量为 1.26 亿 m^3，其中，黄河水为 0.108 亿 m^3，占总供水量的 8.57%；地表水为 0.712 亿 m^3，占总供水量的56.5%；地下水为 0.367 亿 m^3，占总供水量的 29.1%；污水处理回用 0.064 亿m^3，占总供水量的 5%。

取水量：2016—2020 年固原市平均总取水量为 1.373 亿 m^3，在分项取水量中，农业取水量最多，为 0.955 亿 m^3，占总取水量的 70.0%；工业取水量为 0.093 亿m^3，占总取水量的 6.8%；生活取水量为 0.212 亿 m^3，占总取水量的 15.4%。2020 年全市总取水量为 1.26 亿 m^3，其中，农业取水量最多，为 0.816 亿 m^3，占总取水量的 64.8%；工业取水量为 0.086 亿 m^3，占总取水量的 6.8%；生活取水量为 0.335 亿 m^3，占总取水量的 26.6%。

耗水量：2016—2020 年固原市平均耗水总量为 1.06 亿 m^3，其中，地下水0.377 亿 m^3，占 35.6%。2020 年固原市总耗水量为 0.981 亿 m^3，其中，地下水为 0.293 亿 m^3，占 29.9%。分行业耗水量中，农业耗水量最多为 0.691 亿 m^3，占总耗水的 74.0%；工业耗水量为 0.066 亿 m^3，占 6.7%；生活耗水量为 0.201 亿 m^3，占 20.5%。

（一）农业水资源利用状况及问题分析

固原市耕地面积 503 万亩，其中基本农田面积 395 万亩，永久基本农田质量相对较高，但是水资源短缺、利用率低，旱地与水浇地比例高达 6∶1，旱地产出率低。2020 年，全市粮食播种面积稳定在300 万亩以上，高标准农田、高效节水灌溉面积分别达到 140 万亩和 57.11 万亩；马铃薯、冷凉蔬菜、小杂粮（油料）种植面积分别达到 104 万亩、27.6 万亩和 70 万亩。

2020 年全市粮食总产达到 91.31 万 t，达历史最高水平，肉牛饲养量达到 114 万头，马铃薯、冷凉蔬菜、小杂粮（油料）种植面积分别达到 104 万亩、50 万亩和 70 万亩，农业总产值达到 140 多亿元，特色产业为农民提供人均收入5 200 多元。引进了福建融侨、山东水发、河北雪川、长江医药、宁夏凤集、众天蜂业等大型农业产业化龙头企业，肉牛、马铃薯、冷凉蔬菜、特色种养四大特色优势产业初具规模。但是，固原地处黄土高原半干旱区，降水量少且时空分布不均是固原的基本规律。2021 年固原受持续旱情影响，农作物受灾严重，充分暴露出了当地农业基础薄弱、抗御自然灾害能力差等问题，农业种植无法实现旱涝保收、稳产高产，效益低而不稳，主要表现在以下几个方面。

一是农业基础设施薄弱。固原市资源型、工程型、水质型缺水现象并存，农业基本是“望天田”，农业生产条件主要问题是水资源短缺、调配体系不完善，高效节水灌溉发展滞后，全市农业有效灌溉面积只有 57.11 万亩，仅占耕地总面积的 11.3%，此值比宁夏全区水平低 50 多个百分点。

二是农业效益低而不稳。“十三五”时期粮食平均亩产量只有 200~300 kg，仅为宁夏全区平均水平的 70%左右，一遇旱灾，农作物便大面积减产，农业发展“受制于水、受困于水”的现象十分突出。

三是农业发展层次较低。因受农业灌溉耕地面积偏小，效益低而不稳等综合因素影响，大型企业不愿来、难引进、留不住，造成二三产业发展滞后，产业化水平不高，一、二、三产业融合程度低，农产品加工转化率比宁夏全区水平低12 个百分点。

（二）工业水资源利用状况及问题分析

水是基础性的自然资源和战略性的经济资源，是工业生产的重要支撑。2020 年全市规模以上工业用水促进了工业生产的发展，主要表现为以下三个特点。

一是工业总取水量下降。全市规模以上工业企业取水量为 2 837.7 万 m^3，同比下降 7.3%。分品种看，除自来水同比略有增长外，地表淡水、地下淡水、矿井水与上年同比呈现下降趋势。

二是工业循环用水提高。全市规模以上工业企业循环用水量为 10 080.8 万 m^3，同比增长 0.8%。循环用水量主要集中在电力热力生产和供应业、化学原料和化学制品制造业、非金属采选业，三大行业重复用水量分别为 9 235.8 万 m^3、439.4 万 m^3、300.3 万 m^3，占到规模以上工业企业重复用水量的 99%。

三是两大行业用水占主体。在重点监测的 13 个行业大类中，工业水消费量主要集中在煤炭开采和洗选业、非金属采选业两大主要行业，合计消费水量为 786.3 万 m^3，占全市工业水消费量 61.4%，同比增长 4.9%。其中，煤炭开采和洗选业消费水量 486 万 m^3，非金属采选业消费水量为 300.3 万 m^3。

工业循环用水是节约用水、减少排污的一项重要措施，也是节水型社会建设的需要。循环用水利用率是评价一个地区工业发展对水资源开发利用程度的重要指标。工业循环用水率越高，越有利于实现节约用水、减少污染，但在实际工作中，仍然存在以下三个主要问题。

一是节水意识有待提高。大多数企业没有节水管理机构及管理人员，用水计量不健全。对水环境危害的源头和危害程度往往认识不够，意识不到水资源污染带来的后果和缺水造成的困难，用水不注意节约，与当前节能减排和发展低碳经济的要求相去甚远，全社会节水意识需要进一步加强。

二是工业循环用水有待拓展。全市填报循环用水量的企业占全市规模以上工业企业的 29.1%。循环用水量 1 万 m³ 以上的企业占规模以上工业企业数比例较小，约为 20%，主要体现在工业企业对循环用水认识不到位，设备投入不足、节水意识淡薄等方面。

三是非常规水源的利用程度偏低。全市对矿井水利用的企业仅 2 家，矿井水利用 471.1 万 m³，比上年同期减少 5.8 万 m³，全市非常规水源利用程度较低。

（三）生活用水状况与问题分析

2020 年末固原市户籍总人口为 146.07 万人，常住人口为 114.21 万人，其中城镇人口为 49.79 万人，农村人口为 64.42 万人，城镇化率为 43.60%。其中原州区47.13 万人、西吉县 31.58 万人、隆德县 10.95 万人、泾源县 8.5 万人、彭阳县16.05 万人。生活用水量包括城镇生活和农村生活，以及规模化养殖需水量。城镇生活用水为综合用水，包括城镇居民日常生活用水、公共设施用水及浇洒市政道路、绿地等用水；农村生活用水包括人和家庭散养畜禽用水。

如图 2-3-17 所示，2020 年固原市生活总取水量为 0.335 亿 m³，其中原州区为 0.145 亿 m³、西吉县为 0.082 亿 m³、隆德县为 0.036 亿 m³、泾源县为 0.031 亿 m³、彭阳县为 0.041 亿 m³，2020 年固原市生活总耗水量为 0.201 亿m³，其中原州区为 0.075 亿 m³、西吉县为 0.054 亿 m³、隆德县为 0.022 亿 m³、泾源县为 0.022 亿 m³、彭阳县 0.028 亿 m³。作为固原市政府所在地的原州区，城市规模相对较大，属 I 型小城市（城区常住人口 20 万人~50 万人），其生活总取水量占固原市的43.3%，生活耗水量占固原市的 37.3%，其他县城属 II 型小城市，综合生活用水量占比较低，其中隆德县和泾源县生活取水量和耗水量为固原市最低，总耗水量均占固原市的 10.9%。随着近些年宁夏全区城镇化率的不断提高，固原市原州区常住人口持续增加，同时，公共设施用水及浇洒市政道路、绿地等耗水量增加，导致生活用水量上升。其他县城生活用水除了人用水以外，农村生活用水中家庭散养畜禽用水量较大，2020 年末，固原市县城当年牲畜存栏数分别为西吉县 53 万头、隆德县 9 万头、泾源县 5 万头、彭阳县 33 万头，其中西吉县牲畜存栏数最大，平衡牲畜用水是关键。

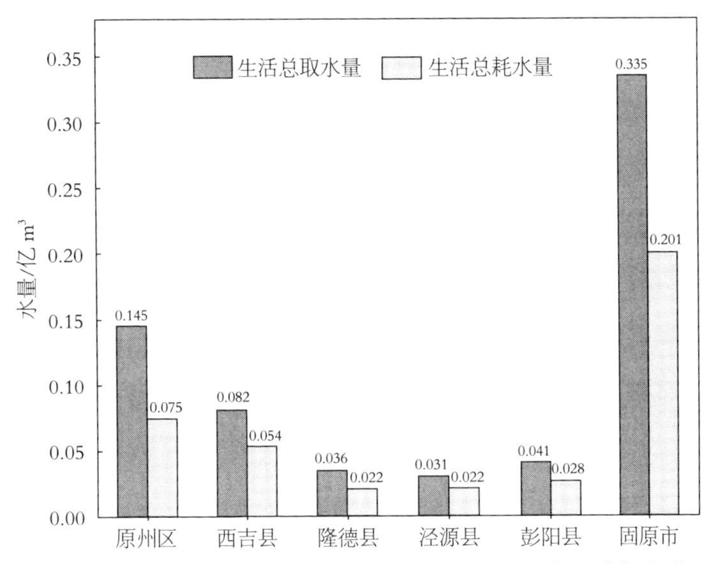

图 2-3-17　2020 年固原市及各县区生活总取水量和总耗水量

固原市现状生活供水以当地地表水为主，水源工程包括宁夏中南部城乡饮水安全工程、东山坡引水工程、原州区上滩水库、隆德县城乡供水工程、其他县城水源地及农村集中供水工程。现状城乡生活可供水总量为 5 160 万m^3。宁夏中南部城乡饮水工程将泾河水截引、调蓄以后向北输送到固原市原州区、彭阳县、海原县、西吉县，解决这一区域城乡居民的饮水安全问题。该工程从泾河水系多年平均年引水量为 3 980 万 m^3，年供水量为 3 720 万 m^3。据统计，2020 年经泾河抽取生活用水量达 0.073 亿 m^3。东山坡引水工程引水水源位于泾源县六盘山镇东山坡，止于固原市南郊，东山坡引水工程多年平均引水量为1 181 万 m^3，彭阳县配置 191 万 m^3、西吉县配置 114 万 m^3、原州区配置 377 万 m^3。此外，原州区上滩水库可供水量为 48 万 m^3，隆德县城乡供水工程设计年供水量为 190 万 m^3，其他县城水源地及农村集中供水工程可供水量为 520 万 m^3。

（四）生态用水现状及问题

2020 年固原市生态用水全部来自地表水且均用于城乡环境。全市生态取水量为 0.023 亿 m³，原州区城乡环境用水 0.013 亿 m³，隆德县城乡环境用水 0.007 亿 m³，彭阳县城乡环境用水 0.003 亿 m³，西吉县和彭阳县无城乡环境取水。原州区生态耗水占全市 56.52%，隆德县生态耗水占全市30.43%，彭阳县生态耗水占全市 13.04%（图 2−3−18）。

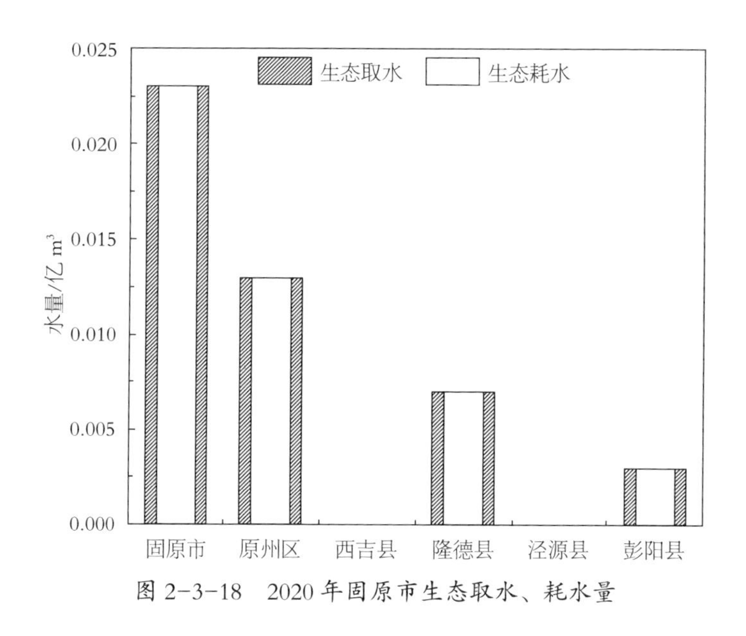

图 2−3−18　2020 年固原市生态取水、耗水量

固原市生态用水全部为城乡环境用水，其中包括城镇绿地灌溉用水和环境卫生清洁用水，城镇绿地灌溉用水指用于绿化灌溉的水量，环卫清洁用水指用于环境卫生清洁（洒水、冲洗）的水量。固原市生态用水主要存在以下问题。

第一，工程体系不完善，水资源利用率低下。固原市地表水主要依靠水库拦蓄，全市 192 座小型水库主要是 20 世纪六七十年代修建的，水库淤积问题严重，80% 的水库采取单一的空库迎汛的运行方式，蓄水严重不足，加上缺乏必要的工程，当地地表水利用率不足 50%，实际灌溉面积只有原设计灌溉面积的 51.8%，部分河流的生态流量也得不到应有的保障。

第二，绿化灌溉方式落后。固原市园林绿化灌溉技术落后，道路两旁绿化主要靠洒水车进行浇灌，除大型公园采用喷灌外，并没有其他的节水灌溉技术，用水浪费现象比较严重。另外，本地采取的大水漫灌、人工胶管洒水和水车浇灌的水因地表径流、深层渗漏和蒸发流失掉了，不仅水浪费严重，还会出现水流到人行道、车行道的现象，影响周边环境，此外还需要大量劳动力进行清理，资源浪费严重。

第三，自来水冲洗道路在水源使用配置上不合理。尽管选择自来水冲洗道路的日均用水量不高，但是全市水资源高度缺乏，用自来水冲洗道路还是存在不合理性，应考虑研究和开发城市污水再生水（中水）代替自来水冲洗道路，缓解全市水资源压力。

第四，节水灌溉管理制度不完善。虽然固原市绿化建设受到了重视，但对节水灌溉制度的制定不足。应加强有关用水监管单位制度方面的建设，完善工程管理及经营管理的有关制度，制定健全的节水灌溉制度，做到真正有计划性地用水、合理分配水资源，提高水资源的利用效率。

四、固原市水资源节约的主要路径

（一）农业节水主要路径

推动固原农业增效、农民增收，实现固原农业绿色发展，核心在水，关键也在水，因此发展高效节水灌溉农业，是改变固原“靠天吃饭”的根本举措，是推进先行区建设实现农业高质量发展的重要抓手。

结合中低产田改造、农业综合开发、老旧灌区改造等工程实施，采取跨流域、跨灌区的库坝联蓄联调灌溉措施，大力发展高效节水灌溉技术，发展喷灌、滴灌和智能化灌溉方式，农业灌溉进入了新的发展阶段，水资源利用率得到极大提高。截至 2022 年，全市有灌区 54 处，设计灌溉面积 72.72 万亩，实际高效节水灌溉面积 57.11 万亩，灌区种植作物为蔬菜、玉米、马铃薯。农业节水的具体路径如下。

一是增强农民节水意识，加大节水宣传教育力度。农民是农业水资源的直接使用者，是节水措施的主要承担者，因此让农民增强节水意识是改善固原市水资源利用现状的首要措施。由于农民受教育水平普遍较低，要想自发树立节水意识非常困难，这就需要行政机关发挥引领作用：① 行政主管部门应当推行自上而下的宣传教育活动，组织人员以村为单位对农民开展集中培训；② 地方政府应当挑选经济发展良好的村落发挥模范带头作用，打造新型节水示范区，通过示范区的成功经验来吸引其他农民走新型节水发展道路；③ 管理部门应当出台相应政策，对农业灌溉系统改造进行扶持，打消农民的疑虑，解决农民的后顾之忧，为节水农业发展模式提供良好的政策氛围。此外，各区域和村落还可以广泛招聘技术人员，吸纳志愿者，对农民用水进行指导，最大程度地减少浪费。

二是加快农村产业结构调整。全面建成小康社会以后，我国进入了高质量发展阶段，为提升农业水资源投入产出比，农村产业结构调整已成为农村集体经济实现突破性发展的重要措施。对于固原市而言，农村产业结构调整不仅是响应国家号召，实现乡村振兴的重要措施，更是实现节水发展模式，改善水资源短缺困境，加大投入产出比的关键措施。

三是优化农作物种植结构。固原市以往的农产品种植过于单一，玉米种植面积占到 60%左右，且种植过程中需水量大，造成水资源投入产出比低的现象。因此应增加农作物种类，尤其是增加节水或抗旱作物的种植面积和频率，使得产出的效益和投入的水资源量相当甚至更高，具体的种植对象和种植结构可以请相关部门的技术人员或农业专家前来指导，通过实地考察，因地制宜地选择种植方案。打造节水模范试验区，发展新型农业生产模式，新型农业生产模式一般情况下都是产出大于投入，应广泛地由点到面地开展推广。大力研发节水设施和技术，节水设施和技术的应用可以使投入产出比大大提高，为农业用水提供技术保障。

四是打好水污染防治攻坚战。打好水污染防治攻坚战，关键是要树立环保意识。当前的农副产品大多为可降解材料，其本身对环境影响并不大，但如果农民普遍缺乏环保意识，随意丢弃废品，污染物超过了自然环境的自我净化能力，就会对环境造成破坏，对水源造成污染。因此，加强宣传教育不可或缺，对于农民主要采取说服教育的方式，向其宣传“创新、协调、绿色、开放、共享”的新发展理念，让其牢固树立“绿水青山就是金山银山”的思想观念。

农业引起的水资源污染要想根治，必须从源头治理，从农业生产方式入手。政府要大力引导农村产业结构调整，对农业灌溉模式、种植方式进行优化，积极引进先进科学技术。同时，还要聘请农业专家针对优化肥料使用结构、转变废水排泄方式等方面的问题，对农民进行实地指导，使农民增强保护水资源的意识。

对于工业废水的治理，关键是规范管理体系。相关行政管理部门要加强巡视检查，定期对产生污染的企业进行检查，对于污水排放未达标的企业进行处罚，发现排泄未经处理工业废水的现象对相关企业进行关停整顿，并追究企业法人的刑事责任。对于污染防治表现优秀、起到模范带头作用的企业进行鼓励和扶持。鼓励和惩罚并用，管理和法治同行，定会对水污染防治发挥重要作用。

对于生活污水的治理，可以以村为单位，实行村自治的制度，号召党员干部行动起来，建立村级污水防治组织，结合各村特点，采取不同的措施，对水污染进行防治。

五是优化农业水资源配置，完善水价机制。党的十八大以来，提出了使市场在资源配置中起决定性作用的命题，凸显了市场配置的重要性。对于固原市而言，将市场机制引进到农业水资源配置当中也有着重大意义。在水资源配置系统中，政府起主导作用，进行体制建设；农民作为水资源使用者，是执行的主力；而市场则是资源配置的工具。通过市场配置，水资源的利用会得到进一步优化，同时将水资源作为商品发挥价格杠杆的作用，建立健全农业灌溉水价调整引导机制，充分运用水价市场机制促进固原市农民节水行为，可采用以下措施进行机制建设：① 建设统一的信息化管理体系，对各区域用水情况进行实时监测；② 适当提高农业用水价格，转变农业灌溉方式，让农民养成节约用水的良好习惯；③ 建立阶梯形用水制度，促进农民向节水发展模式转变，对于节水用户进行适当奖励。

（二）工业节水的主要措施和路径

水资源科学利用、有效利用是政府、企业、社会的共同责任，面对固原缺水的现状，优化水资源合理分配是今后一个时期的基础性工作，为了促进全市今后工业的大发展、快发展或某个时期的爆发增长需要，水作为工业成长的必需和基础，建议做好以下工作。

一是广泛宣传节水重大意义。随着社会经济发展和人口持续增长，全社会对水资源的需求会不断增大，因此必须彻底摒弃水是“取之不尽，用之不竭”的观念，充分认识水资源的重要性，发挥政府的宏观调控和主导作用，加大节水宣传力度，强化企业的节水意识，建立硬约束机制，积极推进创建节水型企业活动，营造节约用水、合理用水的良好氛围。

二是积极引导企业循环用水。提高水的循环利用率是工业节水的首要途径。建议政府及其有关部门从政策上引导，经济上扶持，鼓励工业企业进行节水技术改造，开展节水设备、工艺和技术的科技创新，大力促进循环用水系统、冷凝水回收再利用、废水回用技术等的推广实施，不断扩大工业企业循环用水的普及面，提高工业企业重复用水率。

三是鼓励企业利用非常规水源。在节水型社会建设过程中，开发利用非常规水源是增加水资源供给的重要途径。加强非常规水源的技术研发和试点推广，鼓励企业发展雨水收集利用，推广建设储雨池、雨水输送系统和净化处理系统等雨水收集利用工程；出台相关政策，扶持企业开展污水处理设施的建设，加快污水处理产业化进程，对于使用中水企业给予补贴和优惠，不断提高非常规水源利用。

（三）生活用水节水路径与策略

生活需水量包括城镇生活和农村生活，以及规模化养殖需水量。城镇生活用水为综合用水，包括城镇居民日常生活用水、公共设施用水以及浇洒市政道路、绿地等用水；农村生活用水包括人和家庭散养畜禽用水。固原市现状生活以当地地表水为主，水源工程包括宁夏中南部城乡饮水安全工程、东山坡引水工程、原州区上滩水库、隆德县城乡供水工程、其他县城水源地及农村集中供水工程。固原市生活用水节水路径可从以下几个方面出发。

一是提高市民节水理念，确保水资源二次利用。目前城市用水存在很多浪费现象，若能将这些水源二次利用，可以大大节省水资源。比如，可将洗菜、淘米水用于厕所清洗。

二是多使用节水器具。目前无论家庭用水还是公共用水，都存在大量的浪费现象，家庭应多使用节水马桶和节水淋浴器，公厕使用智能节水小便器。

三是在雨季可以将雨水径流汇集并储存在雨水储存设施中，经简单处理可以在干旱季节使用，从而节省城市用水。在城镇建设用地和工业用地适宜建设人工处理设施，将雨水进行处理并就近用于生活杂用水，例如经过屋面与绿地所收集的雨水，经过简单处理后水质较好，可用于家庭、公共场所和企事业单位的非饮用水，如冲厕，绿化、洗车，冲洗道路以及工业用水等。

四是制定系统科学编制节水规划，坚持以“节水优先”的治水方针，将城镇供水、排水、污水、海绵及再生水利用规划与节水统筹协调。根据固原城镇水资源、再生水生产能力、排水、雨洪资源利用等水资源条件与城镇社会经济发展水平、居民的用水习惯，系统合理地推行节水措施。

五是合理建立居民生活用水定额及阶梯水价制度，这可根据当地气候特征、水资源情况及居民生活习惯等条件而定，可适度调整其用水定额。此外，因地制宜推进优水优用、循环利用理念，增强城镇居民节水意识，大力宣传节水理念，加强水情教育，适度理性地消费水资源，以道德约束用水不经济行为。

（四）生态用水节水路径与策略

固原市降水量在宁夏各市中最高，生态用水以降水为主相对充分，生态系统较为稳定，系统恢复能力强。因此，大多数生态系统保护坚持“剔除干扰，自然恢复，自然维持”的原则。城市绿地生态系统，要兼顾绿化与保水蓄水，多种渗透设施中绿地最为自然，超出草木所能承受的水量引流至渗水设施或其他管道，储存并二次利用。

城市生态绿化灌溉方式采用喷灌、微灌等高效节灌方式，水源优先采用城市污水处理再生水，固原市生态用水全部集中在城乡环境上，其中西吉县和泾源县无生态取水、耗水。如果采用集雨及高效灌溉措施，固原市生态用水基本能够通过降水达到自给自足，节约水资源可供其他行业使用。

第四章　中卫市不同行业节水路径研究

一、中卫市水资源时间动态

（一）中卫市水资源时间动态

1. 水资源总量与时间关系

2004—2021 年中卫市水资源总量平均值为 1.280 亿 m^3，由图 2-4-1 可得中卫市水资源总量总体呈上升趋势，由 2004 年的 0.891 亿 m^3 增长到 2021 年的 1.361 亿 m^3，增长 52.7%。多年数据显示，2005 年水资源总量最低，为 0.710亿 m^3，2014 年水资源总量最高，为 1.619 亿 m^3。2007 年和2013 年的水资源总量与多年平均值基本持平，2012 年、2014 年、2016 年和 2018年水资源总量明显高于平均值。水资源总量计算方法为地表水和地下水之和减去重复计算量，由于自然降雨量逐渐增加，多年中卫市水资源总量呈上升趋势。

2. 降水量与地表水和地下水随时间变化的规律

2004—2021 年中卫市平均降水量为 35.420 亿 m^3，折合 260.56 mm，地表水资源平均值为 1.230 亿 m^3，地下水资源平均值为 3.470 亿 m^3，水资源总量平均值为1.280 亿 m^3。由图 2-4-2 可得，地表水资源多年数据基本持平，总体呈增加趋势。2005 年地表水资源量为 4.918 亿 m^3，比其他年份明显增加，2021 年地表水资源量为 1.017 亿 m^3，2004 年地表水资源量为 0.597 亿 m^3，地表水资源量增加70.4%。2004—2021 年中卫市地下水资源呈下降趋势，其中 2008 年地下水资源量最低，为 1.618 亿 m^3。2004—2021 年中卫市降水量呈上升趋势但是波动较大，说明中卫市降雨量不稳定，且旱涝年不稳定，每 2~4年

图 2-4-1 2004—2021 年中卫市水资源总量动态变化

降水量增加后就会遇到旱年，导致降水量显著下降。2005 年降水量最低为 19.770 亿m³，2014 年降水量最高为 51.110 亿 m³，然而 2015 年降水量迅速下降为 32.950 亿 m³，可能是受到了气候影响，遇到大旱年份。自 2018 年开始，降水量逐年下降，说明近年来受到全球气候影响，雨季减少降水量也随之减少。

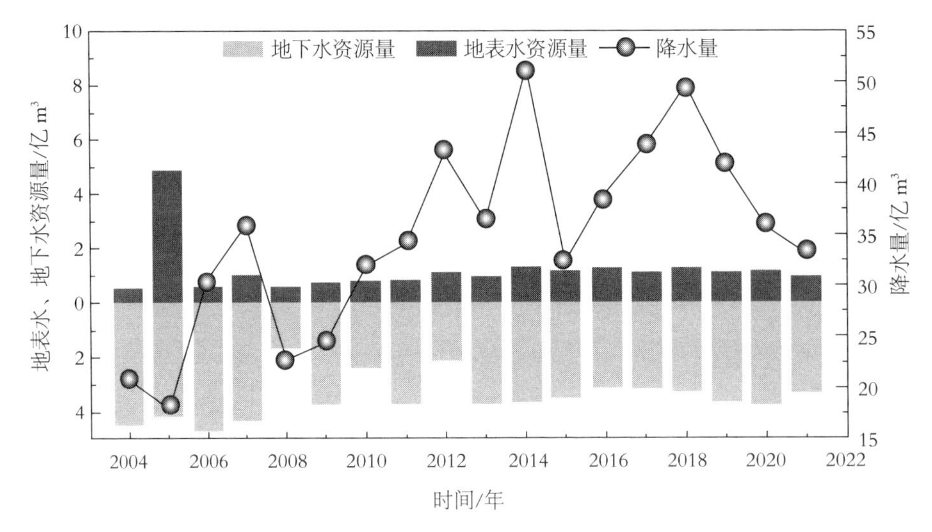

图 2-4-2 2004—2021 年中卫市降水量、地表水和地下水资源量动态变化

（二）中卫市分行业用水动态

1. 农业用水动态

2004—2021 年中卫市农业平均用水量为 12.730 亿 m^3，其中地下水量为 0.260 亿 m^3，2007 年、2012 年、2019 年和 2020 年农业用水动态与平均值基本持平，2005 年农业用水量最低为 11.190 亿 m^3，2006 年农业用水量最高为 16.080 亿 m^3。由图 2-4-3 可知，2004—2021 年中卫市农业地下水用量变化不大，其中2006 年最低，仅为 0.039 亿 m^3，且中卫市农业用水基本使用地表水，地下水资源使用量几乎为 0 m^3。

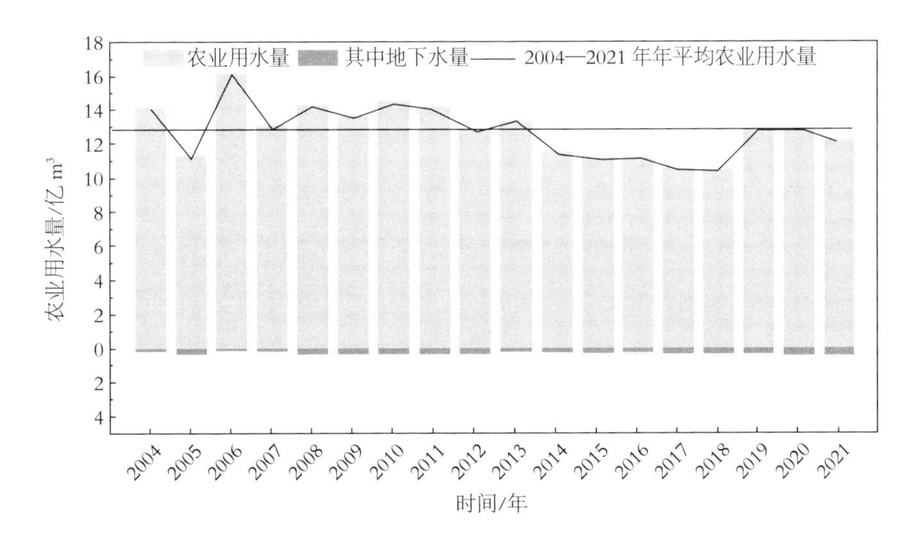

图 2-4-3　2004—2021 年中卫市农业用水量动态变化

2. 工业用水动态

2004—2021 年中卫市工业平均用水量为 0.436 亿 m^3，其中地下水平均量为 0.264 亿 m^3，由图 2-4-4 可知，中卫市工业用水变化总体持平，2005 年工业用水与其他年份差别较大，工业用水量仅为 0.052 亿 m^3。中卫市工业用水总量和地下水量持平，这说明当地工业发展用水大多使用地下水资源。

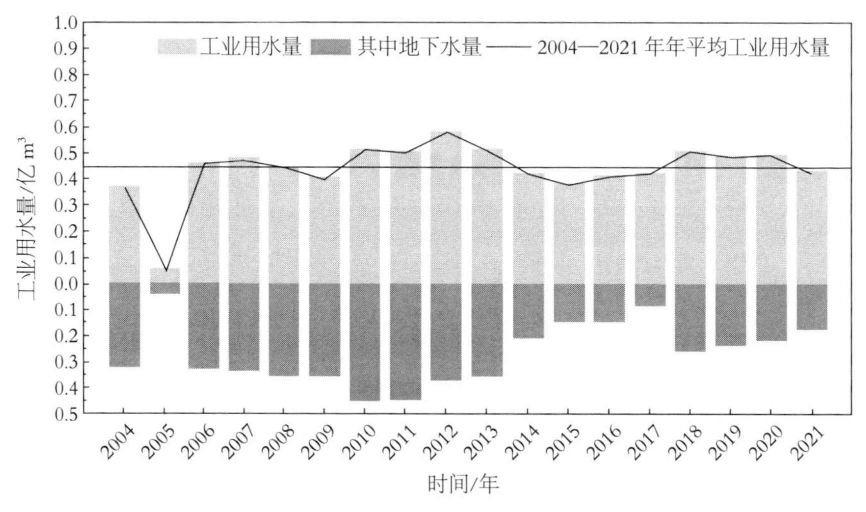

图 2-4-4　2004—2021 年中卫市工业用水量动态变化

3. 生活用水动态

2004—2021 年中卫市生活平均用水量为 0.250 亿 m³，其中地下水平均量为 0.215 亿 m³，2004 年生活用水量最低，为 0.095 亿 m³，2020 年生活用水量最高，为 0.548 亿 m³。由图 2-4-5 可知，中卫市生活用水量在 2006—2019 年变化不大，2019 年和 2021 年生活用水量迅速增加。中卫市生活用水总量和地下水量持平，这说明当地生活用水大多使用地下水资源。

4. 生态用水动态

2004—2005 年和 2017—2021 年中卫市生态用水差别较大，2017—2021 年生态用水量大于 2004—2005 年，其中 2020 年中卫市生态用水量为 0.588 亿m³。由图 2-4-6 可知，在 2004—2005 年，中卫市生态用水变化总体持平，说明生态用水大多使用地下水资源。2017—2021 年生态地下用水几乎为 0 m³，说明 2017—2021 年中卫市生态用水多使用地上水。

5. 用水类型与地表水、地下水、降水量之间的相关关系

由图 2-4-7 可知，2004—2021 年各用水类型中农业用水量最多，工业用水量和生活用水量持平，2017—2021 年，生态用水、工业用水与生活用水量基本持平。2004—2021 年，由于农业用水多使用地上水资源和天然降雨，所

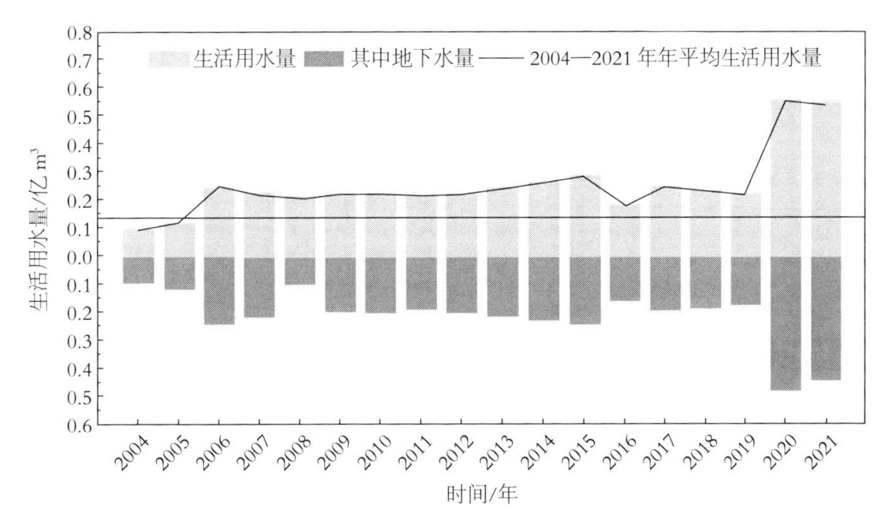

图 2-4-5　2004—2021 年中卫市生活用水量动态变化

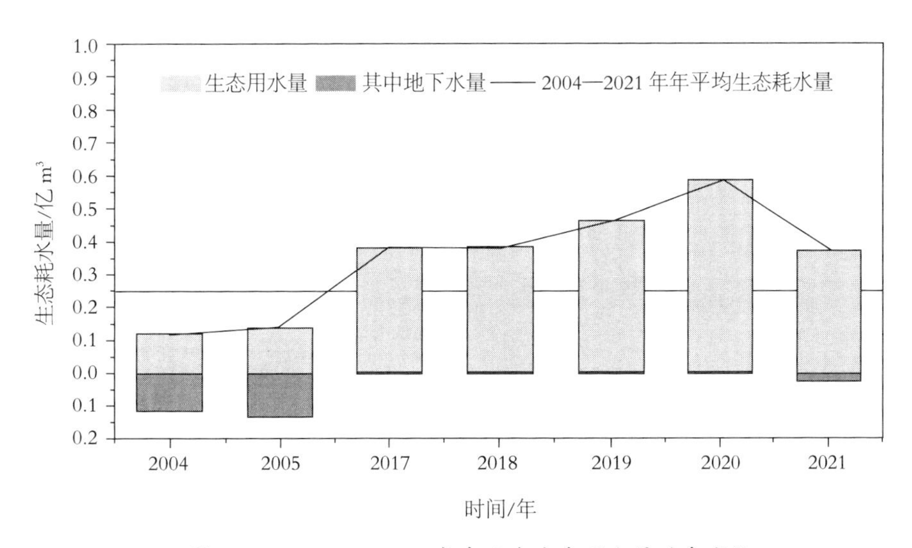

图 2-4-6　2004—2021 年中卫市生态用水量动态变化

以农业用水变化趋势与降水量趋势相似，均呈现不稳定的波动趋势。中卫市工业用水、生活用水和生态用水多使用地下水，因此用水变化与地下水资源变化动态相似，均呈现平稳的趋势，各年份间变化不大。

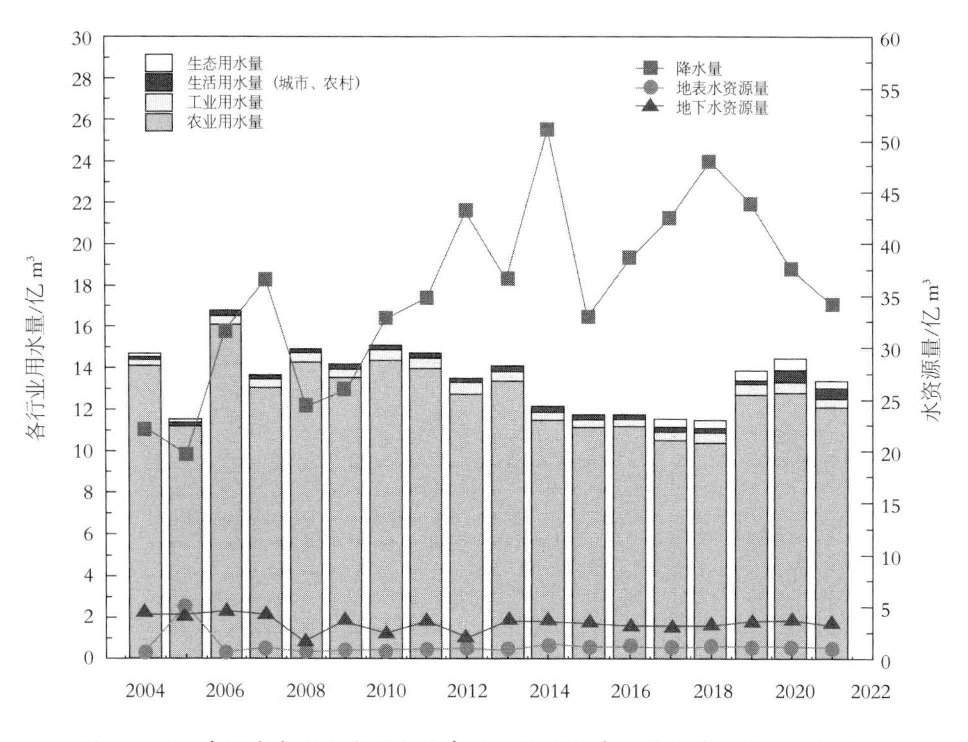

图 2-4-7　中卫市各用水类型与地表水、地下水资源量及降水量之间的关系

（三）中卫市分行业水资源耗费

1. 农业耗水动态

2004—2021 年中卫市农业平均耗水量为 6.53 亿 m³，其中地下水量为 0.19 亿 m³，由图 2-4-8 可知，农业耗水动态呈现先增后减的不稳定趋势，其中地下水含量随年份变化不明显。2013 年和 2016 年农业耗水动态与平均值基本持平，2021 年农业耗水量最低，为 5.261 亿 m³，2008 年农业耗水量最高，为 7.637 亿 m³。2004—2007 年农业地下耗水量基本为 0 m³，2008 年后地下耗水量略微增加，由此说明中卫市农业耗水以地上耗水为主。

2. 工业耗水动态

2004—2021 年中卫市工业平均耗水量为 0.229 亿 m³，其中地下耗水平均量为 0.091 亿 m³，2019 年工业耗水量最高，为 0.295 亿 m³，2004 年工业耗水量最低，为 0.141 亿 m³。由图 2-4-9 可知，中卫市工业耗水变化总体升高，

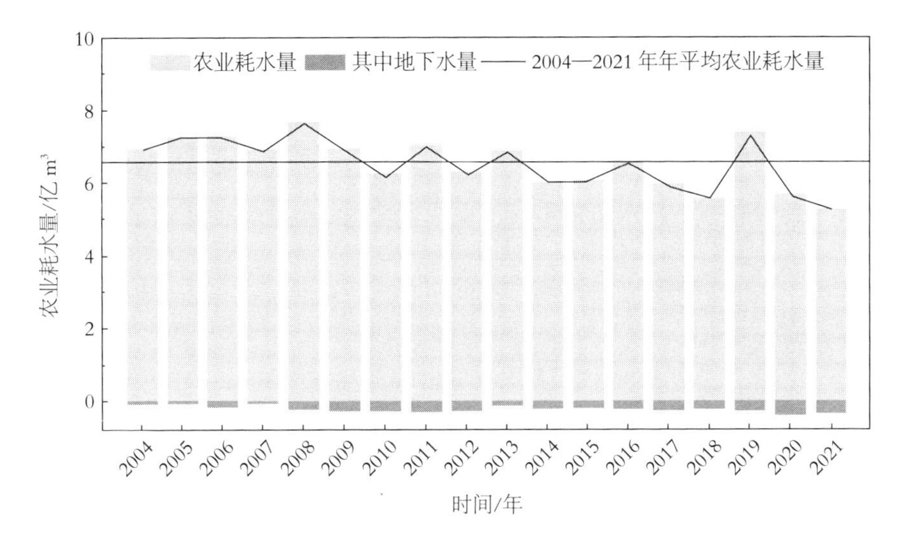

图 2-4-8　2004—2021 年中卫市农业耗水量动态变化

但变化趋势不稳定。2004—2021 年工业地下耗水量总体呈降低趋势，2010 年地下耗水量最高，为 0.142 亿 m³，2021 年地下耗水量最低，为 0.058 亿 m³，由此可见，这说明当地工业发展用水大多使用地下水资源。

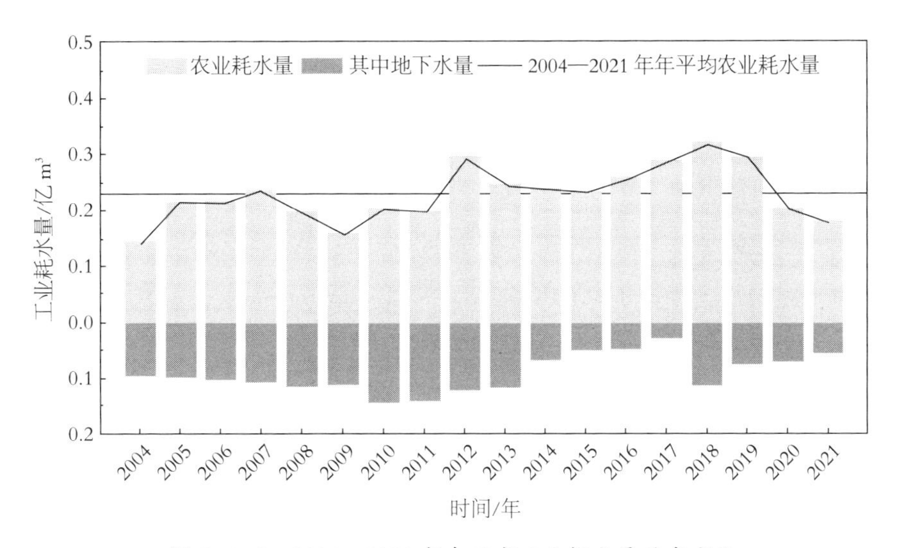

图 2-4-9　2004—2021 年中卫市工业耗水量动态变化

3. 生活耗水动态

2004—2021 年中卫市生活平均耗水量 0.126 亿 m³，其中地下耗水平均量为 0.106 亿 m³，2004 年生活耗水量最低，为 0.027 亿 m³，2022 年生活耗水量最高，为 0.226 亿 m³。由图 2-4-10 可知，中卫市生活耗水量总体变化趋势不稳定，起伏较大，在 2006—2010 年变化不大，与均值持平。此外，中卫市生活耗水总量和地下耗水量持平，这说明当地生活耗水多使用地下水。

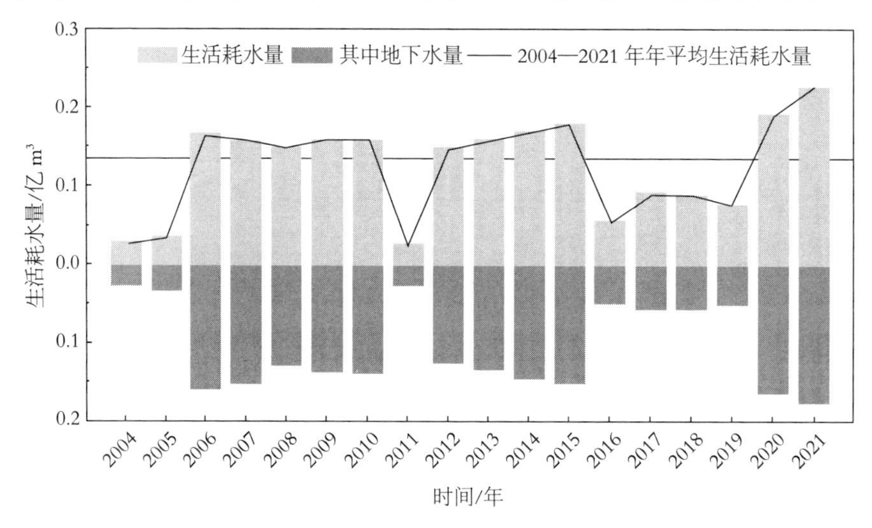

图 2-4-10　2004—2021 年中卫市生活耗水量动态变化

4. 生态耗水动态

2004—2005 年和 2017—2021 年中卫市生态耗水量差别较大，2017—2021 年生态耗水量远大于 2004—2005 年，其中 2020 年中卫市生态耗水量最大，为 0.588 亿 m³。由图 2-4-11 可知，在 2004—2005 年，中卫市生态用水变化总体持平，说明生态用水大多使用地下水资源。2017—2021 年生态地下用水几乎为 0 m³，说明 2017—2021 年中卫市生态用水多使用地上水。另外，2004—2021 年中卫市生态用水量与生态耗水量数值相同，说明中卫市在环境治理、城市绿化等生态方面投入较少。

5. 不同用水类型时间动态

2000—2020 年，中卫市各用水类型中农业用水、耗水量最多，占总用水及耗水量的85%以上，工业用水、耗水量和生活用水、耗水量持平，两者比例相当。2017—2021 年，生态用水、耗水量明显增多，导致生态用水及耗水、

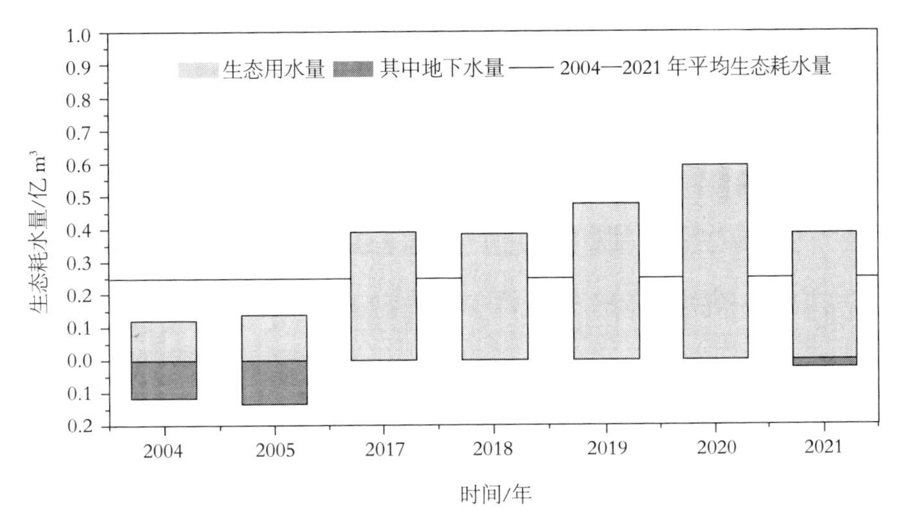

图 2-4-11　2004—2021 年中卫市生态耗水量动态变化

工业用水及耗水与生活用水及耗水量基本持平，说明自 2017 年开始中卫市在生态方面投入增加（图 2-4-11）。2000—2020 年中卫市工业、生活和生态用水及耗水比例较稳定，其中工业用水及耗水比例几乎维持在 3%，生活用水及耗水比例几乎维持在 2%~3%，生态用水及耗水比例几乎为 0，在0.5%~1%浮动（表 2-4-1）。

表 2-4-1　2000—2020 年中卫市各行业用水、耗水量

单位：亿 m³

年份	农业用水量	工业用水量	生活用水量	生态用水量	农业耗水量	工业耗水量	生活耗水量	生态耗水量
2000 年	11.863	2.204	0.199	0.061	−5.011	−0.441	−0.060	−0.260
2001 年	12.071	1.989	0.191	0.063	6.828	0.337	0.057	0.063
2002 年	12.48	1.674	0.193	0.065	5.117	0.320	0.058	0.065
2003 年	9.330	1.453	0.193	0.067	5.068	0.367	0.058	0.067
2004 年	10.433	1.193	0.231	0.067	5.112	0.432	0.058	0.067
2005 年	11.603	1.247	0.231	0.069	6.046	0.450	0.058	0.069
2006 年	11.246	1.228	0.289	—	5.527	0.443	0.125	—
2007 年	10.685	1.237	0.286	—	5.720	0.472	0.128	—

续表

年份	农业用水量	工业用水量	生活用水量	生态用水量	农业耗水量	工业耗水量	生活耗水量	生态耗水量
2008 年	11.554	1.058	0.232	—	6.192	0.459	0.105	—
2009 年	11.039	1.346	0.237	—	5.947	0.666	0.109	—
2010 年	10.766	1.325	0.265	—	5.427	0.648	0.107	—
2011 年	10.932	1.370	0.273	—	5.307	0.736	0.063	—
2012 年	10.294	1.219	0.273	—	4.369	0.713	0.117	—
2013 年	11.400	1.315	0.273	—	4.993	0.677	0.117	—
2014 年	9.370	1.268	0.315	—	4.312	0.637	0.127	—
2015 年	9.721	0.970	0.312	—	4.535	0.496	0.130	—
2016 年	8.651	0.890	0.316	—	3.557	0.466	0.092	—
2017 年	8.680	0.865	0.338	0.297	4.089	0.497	0.111	0.625
2018 年	9.411	1.023	0.455	0.252	4.245	0.471	0.149	0.252
2019 年	10.613	0.980	0.470	0.621	4.884	0.488	0.148	0.621
2020 年	10.723	0.749	0.419	0.870	5.217	0.553	0.151	0.870

注：“—”表示该年份无数据。

（四）中卫市农业用水、耗水与耕地面积关系分析

2004—2021 年旱田面积整体呈现上升趋势，2004—2011 年旱田耕地面积稳定在94.5 万 hm^2，2012—2018 年耕地面积调整，旱田面积增加至 110 万hm^2，随后 2019—2021 年旱田面积减少至 105 万 hm^2，2004—2021 年水浇地面积逐渐增加，水田面积变化浮动不大。2004—2021 年中卫市农业用水地下水量和农业耗水地下水量无明显变化，农业用水量和农业耗水量总体呈下降趋势，与耕地面积变化不同。由图可得，随着农业耕地面积的增加，农业用水、耗水量降低，说明中卫市节能减排和农业节水政策有所成效，更高效地节约水资源（图 2-4-12）。

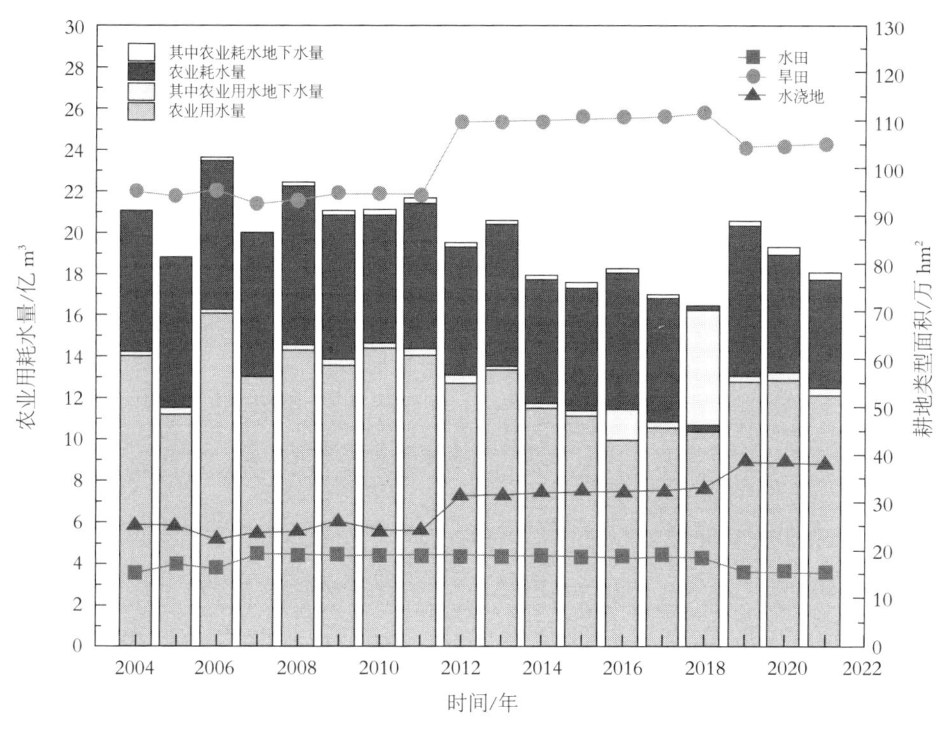

图 2-4-12　2004—2021 年中卫市农业用水量与耕地面积的变化关系

二、中卫市水资源空间分布

（一）中卫市降水时空分布

中卫市平均年降水量为 278 mm，约为全国平均值的 40%，多年平均降水量为 37.662 亿 m³，降水地区分布不均匀，由南向北递减（图 2-4-13）。多年平均径流深由海原县南部南华山区 400 mm 向北递减至沙坡头区 200 mm 左右，其中沙坡头区、海原县、中宁县降水量分别为 11.340 亿 m³、19.540 亿m³、6.782 亿 m³。河川径流量的主要补给来源为降水，径流的季节变化与降水的季节变化关系十分密切。65%以上的降水集中在汛期（6—9 月），多年平均径流量为 1.116 亿 m³，平均径流深为 8.277 mm。

（二）中卫市地表水资源量

中卫市多年平均地表水资源量为 1.121 亿m³，其中沙坡头区、海原县和中宁县地表水资源量分别为 0.221 亿m³、0.682 亿m³ 和 0.218 亿m³。中卫市 2020

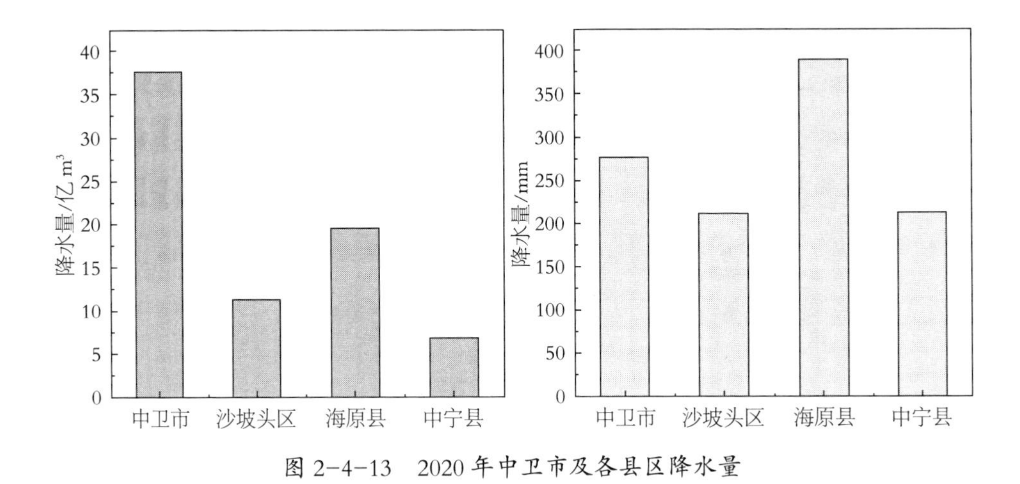

图 2-4-13　2020 年中卫市及各县区降水量

年地表水资源量为 1.200 亿m³，其中沙坡头区、海原县和中宁县地表水源量分别为 0.237 亿m³、0.730 亿m³ 和 0.233 亿m³。海原县地表水占中卫市地表水资源的61%，主要来源于黄河一级支流——清水河。中卫市地表水矿化度主要分布在香山和海原县，矿化度在 2.0 g/L 以下的淡水分布在香山，矿化度大于 5.0 g/L 的苦咸水主要分布在海原县张湾以北。

（三）中卫市地下水资源量

中卫市地下水资源总量为 3.77 亿m³，约占宁夏全区地下水资源总量的21%左右，其中沙坡头地下水资源为 2.076 亿m³，海原县地下水资源为 0.158 亿m³，中宁县地下水资源为 1.533 亿m³（图 2-4-14）。

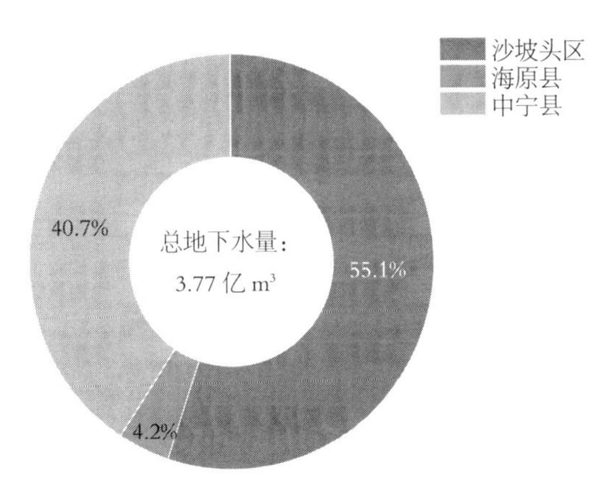

图 2-4-14　2020 年中卫市及各县区地下水资源量

（四）中卫市水资源总量

2020 年宁夏全区水资源总量为 11.036 亿m³，中卫市为 1.531 亿m³，占全区水资源总量的 14%，其中沙坡头区水资源总量为 0.443 亿m³，占中卫市水资源总量的 28.9%；海原县水资源总量为 0.821 亿m³，占中卫市水资源总量的 53.6%，是中卫市主要水源区；中宁县水资源总量为 0.267 亿m³，占中卫市水资源总量的 17.4%，缺水较为严重（表 2-4-2）。

表 2-4-2　中卫市多年平均水资源量

地区	计算面积/km²	降水量/亿 m³	地表水资源/亿 m³	地下水资源/亿 m³	重复计算量/亿 m³	水资源总量/亿 m³
中卫市	13 528	37.662	1.200	3.767	3.436	1.531
沙坡头区	5 339	11.340	0.237	2.076	1.870	0.443
海原县	5 000	19.540	0.730	0.158	0.067	0.821
中宁县	3 189	6.782	0.233	1.533	1.499	0.267

三、中卫市水资源利用状况

2020 年中卫市实际供水总量为 14.480 亿 m³，其中，地表水源为 13.324 亿 m³（黄河水源为 13.261 亿 m³），占总供水量的 92.0%；地下水源为 1.088 亿 m³，占总供水量的 7.5%；其他水源为 0.068 亿 m³，占总供水量的 0.5%。

沙坡头区实际供水总量为 6.315 亿 m³，其中，地表水源为 5.740 亿 m³（均为黄河水源），占总供水量的 90.9%；地下水源为 0.538 亿 m³，占总供水量的 8.5%；其他水源为 0.037 亿 m³，占总供水量的 0.6%。

中宁县实际供水总量为 7.079 亿 m³，其中，地表水源为 6.718 亿 m³（均为黄河水源），占总供水量的 94.9%；地下水源为 0.333 亿 m³，占总供水量的 4.7%；其他水源为 0.028 亿 m³，占总供水量的 0.4%。

海原县实际供水总量为 1.086 亿 m³，其中，地表水源为 0.866 亿 m³（黄河水源为 0.803 亿 m³），占总供水量的 79.7%；地下水源为 0.217 亿 m³，占总供水量的 20%；其他水源为 0.003 亿 m³，占总供水量的 0.3%。

（一）农业水资源利用情况及存在问题分析

2020 年宁夏全区取水量为 70.203 亿 m^3，在分项取水量中，农业取水量最多，为 58.641 亿 m^3，占总取水量的 83.5%，农业实际灌溉面积为 983.6 万亩；在取地下水量中，农业 2.465 亿 m^3，占宁夏全区地下水总取水量的 40.2%。

1. 农业取水量

中卫市农业水资源利用情况如下：沙坡头区农业总取水量为 5.146 亿 m^3，农业地下取水量为 0.156 亿 m^3，农业地上取水量为 4.990 亿 m^3，其中畜禽用水量为 0.030 亿 m^3，冬灌补水量为 0.565 亿 m^3。中宁县农业总取水量为 6.689 亿 m^3，地下取水量为 0.031 亿 m^3，农业地上取水量为 6.658 亿 m^3，其中畜禽用水量为 0.030 亿 m^3，冬灌补水量为 0.682 亿 m^3。海原县农业总取水量为 1.016 亿 m^3，地下取水量为 0.212 亿 m^3，农业地上取水量为 0.804 亿 m^3，其中畜禽用水量为 0.035 亿 m^3，冬灌补水量为 0.042 亿m^3（图 2-4-15）。

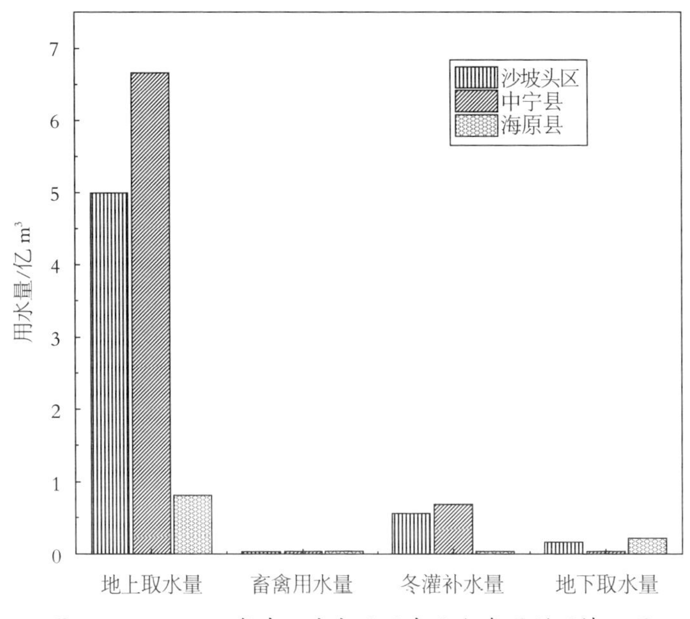

图 2-4-15　2020 年中卫市各县区农业水资源利用情况图

由图 2-4-15 可知，中卫市各县区畜禽用水量都不高，沙坡头区和中宁县冬灌补水量较高，海原县冬灌补水量偏低；其次，沙坡头区和海原县地下取水量较多，沙坡头区和中宁县农业地上用水较多，由此可见，海原县并非中卫市主要农业灌溉和发展地区，中卫市农业重心在沙坡头区和中宁县。由于中卫市各县区畜禽用水量均不高，可以说明畜牧业在中卫市并非重点产业，农业用水大多在枸杞种植与培育上。

2. 中卫市各县区农业耗水量情况

2020 年宁夏全区耗水总量为 38.886 亿 m^3，其中耗黄河水 34.115 亿 m^3，耗当地地表水 0.588 亿 m^3，耗地下水 3.718 亿 m^3，耗其他水 0.465 亿 m^3。分行业耗水量中，农业耗水量最多，为 30.478 亿 m^3，占总耗水量的 78.4%。

中卫市农业耗水量情况如下：沙坡头区农业总耗水量为 1.497 亿 m^3，其中畜禽耗水量为 0.030 亿 m^3，地下耗水量为 0.130 亿 m^3。中宁县农业总耗水量为3.316 亿 m^3，其中畜禽耗水量为 0.030 亿 m^3，地下耗水量为 0.031 亿 m^3。海原县农业总耗水量为 0.843 亿 m^3，其中畜禽耗水量为 0.035 亿 m^3，地下耗水量为 0.177 亿 m^3。

3. 2020 年中卫市农业产值

2020 年中卫市农林牧渔业总产值为 1 389 760 万元。其中沙坡头区生产总值为594 694 万元；中宁县生产总值为 448 383 万元；海原县生产总值为 346 684 万元（表 2-4-3）。

表2-4-3　2020 年中卫市各市县农林牧渔业总产值

单位：万元

地区	农林牧渔总产值	农业	林业	牧业	渔业	农林牧渔专业及辅助性活动	农林牧渔业总产值指数（上年为 100）
中卫市	1 389 760	868 836	7 969	447 754	25 257	39 945	104.8
沙坡头区	594 694	350 370	2 207	205 959	20 756	15 403	106.3
中宁县	448 383	302 008	2 281	125 039	4 501	14 553	103.0
海原县	346 684	216 459	3 481	116 756	0	9 989	103.5

总体来说，农业灌溉用水占总用水量的 83%以上，农业内部用水结构不合理，引黄灌区高耗水作物所占比例大。同时水利用率低，人均取水 1 246 m³/人；万元 GDP 取水量 998 m³/ 万元，万元工业增加值取水 97 m³/万元，农业亩均取水 922 m³/亩，均高于全国平均水平。此外，引黄灌区主要种植玉米、水稻，用水量大且时段集中，农业用水远高于其他行业用水。

（二）工业水资源利用情况及存在问题分析

2020 年宁夏全区工业取水量为 4.192 亿 m³，占总取水量的 6.0%；在取地下水量中，工业取水量为 0.995 亿 m³，占宁夏全区地下取水量的 16.2%。中卫市工业水资源利用情况如图 2-4-16 所示：沙坡头区工业总取水量为 0.275 亿 m³，其中地下取水量为 0.044 亿 m³，工业地上取水量为 0.231 亿 m³。中宁县工业总取水量为 0.218 亿 m³，其中地下取水量为 0.168 亿 m³，工业地上取水量为 0.050 亿 m³。海原县工业总取水量为 0 m³。

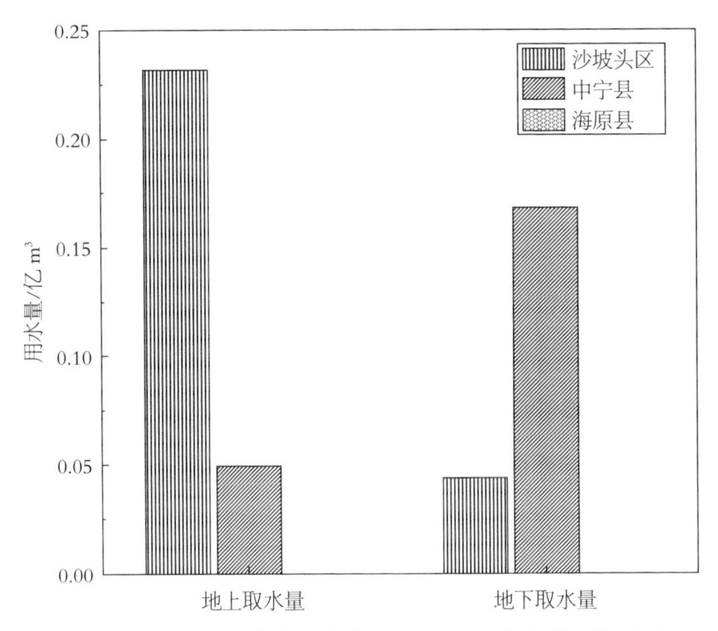

图 2-4-16　2020 年中卫市各县区工业水资源利用情况图

中卫市工业重心在沙坡头区和中宁县，海原县工业发展较为落后。沙坡头区工业取水主要来自引黄灌区黄河水，中宁县地表水径流少，故主要采集地下水资源。

2020 年宁夏全区耗水总量为 38.886 亿 m^3，其中耗黄河水 34.115 亿 m^3，耗当地地表水 0.588 亿 m^3，耗地下水 3.718 亿 m^3，耗其他水 0.465 亿 m^3，其中工业耗水量为 3.222 亿 m^3，占比为 8.3%。

2020 年中卫市工业耗水量情况如下：沙坡头区工业总耗水量为 0.103 亿 m^3，地下耗水量为 0.017 亿 m^3；中宁县工业总耗水量为 0.101 亿 m^3，地下耗水量为0.056 亿 m^3；　海原县工业总耗水量为 0 m^3。

2020 年中卫市工业增加值增长速度为−0.5%，工业总产值为 1 459 916 万元。其中沙坡头区增加 7.1%，工业生产总值为625 877 万元；中宁县增长−7.2%，工业生产总值为 759 106 万元；海原县增加 10.5%，工业生产总值为 74 933 万元(表 2−4−4)。

表 2−4−4　2020 年中卫市各市县工业总产值

单位：万元

地区	工业生产总值	工业增加值增长速度
中卫市	1 459 916	−0.5%
沙坡头区	625 877	7.1%
中宁县	759 106	−7.2%
海原县	74 933	10.5%

中卫市各县区废水处理设施相对薄弱，水处理设施建设步伐跟不上经济发展的速度，工业废水和城市污水还不能实现全面处理排放，致使水污染问题日益突出。为解决这一问题，市内应该严格控制耗水多、污染大的行业发展；采用先进的用水工艺设备和水处理技术，更新改造耗水量大的工矿企业用水设施，提高水的重复利用率；对企业的用水定额、水的利用率和污水处理率实行目标管理，促使企业主动节水。

（三）生活水资源利用情况及存在问题分析

2020 年全区生活取水量为 3.705 亿 m^3，占总取水量的 5.3%；在取地下水量中，生活取水量为 2.367 亿 m^3，占宁夏全区地下取水量的 38.5%。

中卫市生活水资源利用情况如下（图 2–4–17）：沙坡头区生活用水总量为 0.349 亿 m^3，其中地下取水量为 0.338 亿 m^3，生活地上取水量为 0.011 亿m^3；中宁县生活用水总量为 0.133 亿 m^3，其中地下取水量为 0.133 亿 m^3，地上取水量为 0 m^3；海原县生活用水总量为 0.066 亿 m^3，其中地下取水量为0.005 亿 m^3，地上取水量为 0.061 亿 m^3。

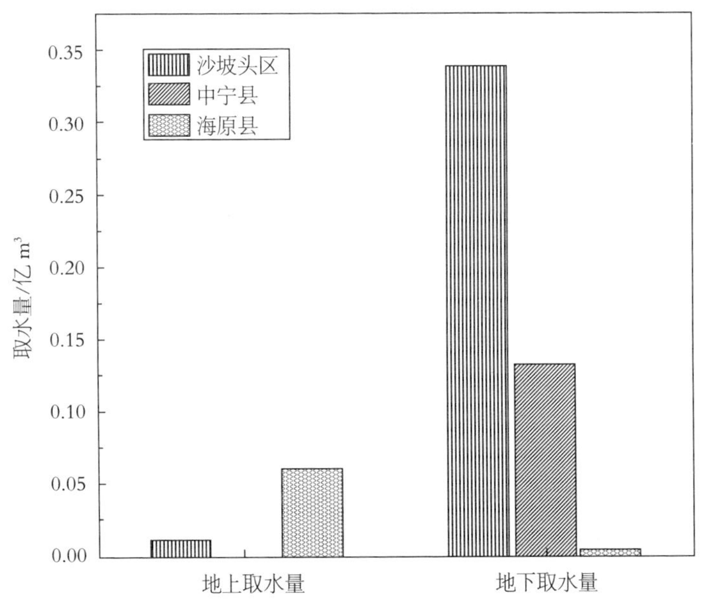

图 2–4–17　2020 年中卫市各县区生活水资源利用情况图

2020 年宁夏全区生活耗水量为 1.521 亿 m^3，占比为 3.9%。2020 年中卫市生活耗水量情况如下：沙坡头区生活总耗水量为 0.092 亿 m^3，地下耗水量为 0.090亿 m^3；中宁县生活总耗水量为 0.069 亿 m^3，地下耗水量为 0.069 亿m^3；海原县生活总耗水量为 0.031 亿 m^3，地下耗水量为 0.004 亿 m^3。

2020 年中卫市各县区城镇生活用水比例较小，生活耗水量也较低，与中卫市人口数较少有关。由于中卫市是农业型城市，绝大部分水量供给于农业生产，城市生活用水满足日常需要即可，因此耗水量也不会过多。其中沙坡头区为中卫市主要经济区，城市用水量高于其他县区，更应注重和加强生活供水和公共用水管理，推行节水器具，实行梯级水价，厉行节约用水，减少水资源浪费。

（四）生态用水情况及存在问题分析

2020 年宁夏全区取水量为 70.203 亿 m^3，其中人工生态环境补水量为 3.665 亿 m^3（湖泊补水量为 2.577 亿 m^3），占总取水量的 5.2%。在取地下水量中，人工生态环境取水量为 0.311 亿 m^3，占全区地下取水量的 5.1%。

沙坡头区人工生态环境补水总量为 0.545 亿 m^3，地下补水量为 0 m^3，地上补水量为 0.545 亿 m^3，其中城乡环境补水量为 0.117 亿 m^3，湖泊补水量为 0.428 亿 m^3。中宁县人工生态环境补水总量为 0.039 亿 m^3，地下补水量为 0.001 亿 m^3，地上补水量为 0.038 亿 m^3，其中城乡环境补水量为 0.029 亿 m^3，湖泊补水量为 0.010 亿 m^3。海原县人工生态环境补水总量为 0.004 亿 m^3，地下补水量为 0 m^3，地上补水量为 0.004 亿 m^3，其中城乡环境补水量为 0.004 亿 m^3，湖泊补水量为 0 m^3（图 2–4–18）。

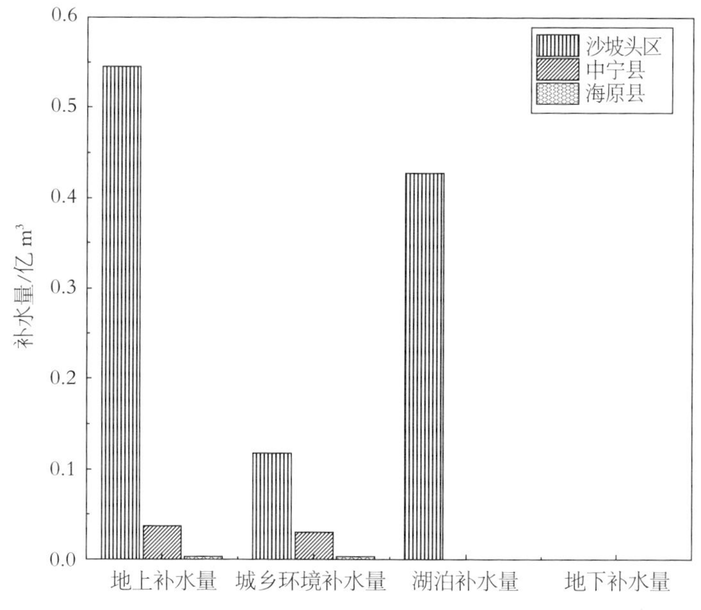

图 2–4–18　2020 年中卫市各县区生态用水资源利用情况图

2020 年宁夏全区耗水总量为 38.886 亿 m^3，其中耗黄河水 34.115 亿 m^3，耗当地地表水 0.588 亿 m^3，耗地下水 3.718 亿 m^3，耗其他水 0.465 亿 m^3。分行业耗水量中，人工生态环境耗水量为 3.665 亿 m^3，占比为 9.4%。

2020 年中卫人工生态环境耗水量情况如下：沙坡头区人工生态环境总耗水量为 0.545 亿 m^3，地下耗水量 0 m^3；中宁县人工生态环境总耗水量为 0.039 亿 m^3，地下耗水量为 0.001 亿 m^3；海原县人工生态环境总耗水量为 0.004 亿 m^3，地下耗水量为 0 m^3。

由以上数据可知，中卫市沙坡头区人工生态环境耗水量最多，为了维护沙坡头景区和香山景区的生态环境，更好地打造旅游景区，除自然降水外，还需要大量人工补水。海原县并无相关旅游产业，人工生态环境耗水量最低。为了更好地利用水资源，应将地表水、地下水和分配的黄河水全部纳入计划调配的范围，根据水功能区划的目标水质，计算、确定水资源的承载能力和水环境承载能力，优化配置水资源，按比例分配于生产用水、生活用水、生态用水和工业用水，提高水资源的综合利用率。

（五）农业结构组成

2020 年宁夏全区年末耕地面积为 120.1 万 hm^2，其中水田、旱田和水浇地面积分别为 15.4 万 hm^2、104.7 万 hm^2 和 38.4 万 hm^2。2020 年造林面积为8.2 万 hm^2，农作物总播种面积为 117.4 万 hm^2，其中粮食作物播种面积为67.9 万 hm^2。2020 年中卫市各市县粮食种植面积和其他作物播种面积如表2-4-5 和表 2-4-6 所示。

表 2-4-5　2020 年中卫市各市县粮食播种面积

单位：hm^2

地区	农作物总播种面积	粮食播种总面积	水稻	小麦	玉米	薯类	豆类
中卫市	256 377	128 748	4 348	9 870	63 115	23 047	2 619
沙坡头区	65 859	18 389	2 826	1 880	13 267	0	277
中宁县	77 851	37 209	1 522	2 106	28 515	1 047	276
海原县	112 657	73 150	0	5 884	21 333	22 000	2 066

表 2-4-6　2020 年中卫市各市县其他经济作物播种面积

单位：hm^2

地区	农作物总播种面积	油料	药材	蔬菜	瓜果类	其他农作物	青饲料
中卫市	256 377	7 295	19 073	18 250	54 103	28 908	17 402
沙坡头区	65 859	273	6 050	8 270	28 264	4 623	4 073
中宁县	77 851	222	8 275	4 181	22 172	5 792	4 216
海原县	112 657	6 800	4 748	5 799	3 667	18 493	9 113

由表 2-4-6 中数据可知，中卫市主要农作物为水稻、小麦和玉米，耕种区域主要以中宁县和海原县为主，中宁县重点种植瓜果类（硒砂瓜、枸杞等），海原县重点种植薯类作物（马铃薯、红薯等）。中卫市农业优势特色产业在结构布局上呈现“一县多业”特征，产业集中度不高，产业结构布局分散，规模优势、品牌优势、品质优势不明显。为此，加大节水型农业水利工程建设的投入，大力推广先进适用的节水灌溉技术，全面推广作物节水措施，优化调整农业产业结构，严格限制高耗水作物的种植面积，努力提高灌溉水利用系数，实施沙坡头南北干渠节水改造工程，有利于促进中卫市农业发展和提高农业用水效率，节省水资源。中卫市各市县应着重培育壮大以枸杞酒、葡萄酒为主的酿酒业，以玉米淀粉、小麦面粉、马铃薯颗粒全粉为主的粮食加工业，以马铃薯、蔬菜、花卉、玉米种为主的制种业，以设施瓜菜和压砂地生产为主的优质瓜菜产业，以枸杞、苹果、香水梨、红枣为主的林果产业。

四、中卫市节水潜力及节水路径

（一）农业节水路径分析

截至 2020 年年底，中卫市共认证绿色食品 96 个、有机食品 13 个、地理标志农产品 10 个，认证产品覆盖种植业、畜牧业、水产品，创建全国绿色食品原料标准化生产基地 4 个。中卫硒砂瓜、中宁枸杞、沙坡头苹果入选国家农业品牌目录特色农产品区域公用品牌及全国首批名特优新农产品目录，并荣获宁夏十大区域公共品牌，被称为宁夏特色优质农产品。其中沙坡头苹果被中国绿色农业联盟评选为2020年全国绿色农业十佳果品地标品牌，中宁枸杞入选国家首批道地中药材认证品种。中卫市95%以上的耕地仍然沿用传统的灌溉方式：大引大排、大水漫灌，导致农业用水供给严重不足。

中卫市农产品种类丰富且开发潜力巨大，但是传统的农业灌溉方式不够节约，导致浪费了大量的地表水和地下水，由于科技进步和工艺升级，中卫市农业潜力巨大，应优先考虑节水农业。节水农业发展必须转换发展思路和选择与市场机制相吻合的路径，包括用市场手段刺激形成节水型“水市场”、用改革农业用水价格政策促进节水、用“保水战略”改善上中游的良性水环境、用建立水循环体系提高水资源利用率。但是节水农业在2022年的实践效果并不很明显，主要原因有：一是发展模式在推广上有很大难度；二是考虑市场因素比较少，市场配置水资源的机制还没有形成；三是农业工程用水的水价国家实行财政补贴，而节水基本没有资助。为解决这些问题，中卫市节水农业应从以下几个方面进行改进和发展。

一是优先配置水资源，合理安排生产用地，配套建设农业基础设施。二是调整供水成本在农业与非农业之间的分配关系，对用水量大、承受能力强的非农业用水户考虑实施以工补农的水价制定措施。三是从供水源头到用水户建立农业水价补偿机制，将农业用水的财政补贴部分转移到补贴节水农业的技术措施上，节水效果越好，补贴越多。四是改革农业用水的计价方式，农业水价要建立国家、地方、用水户多层次的合理补偿机制和各自的补偿比例。

（二）工业节水的潜力和路径

工业是国民经济的支柱产业，工业规模扩大推动了社会进步，工业产值的提高也伴随着耗水量的增加。近年来，中卫市工业发展迅速，这也给中卫市水资源短缺以及行业用水竞争带来了不小挑战。工业节水是解决问题的主要思路，工业节水的范畴包括工业用水、工业废水处理和废水回用等。因而有必要采用高效的、可重复利用的技术和设备来解决工业节水问题。节水不仅需要改善生产工艺，提高回收率，还需要对工业用水过程加强监管，严格控制每个工艺流程的节水效率。

工业用水一般是指工、矿企业在生产过程中，用于制造、加工、冷却、空调、净化、洗涤等方面的用水，其中工业冷却水用量占工业用水总量的80%左右，取水量占工业总取水量的30%~40%，工业冷却水的消耗去向主要是挥发损失。因此，从降低工业冷却水的用量入手开展研究，将是工业节水的一个重要方向。不同工业行业如石油加工业、机械制造业等因产出不同对水量、水质的要求也不同，且都包含多个紧密联系的用水过程。在我国，工程性水价的总体水平偏低，强监管是节水型工业企业建设的有力推手，加大节水监管力度，优化工业用水结构对于工业企业用水效率的提高有极大的促进作用。中卫市改造条件相对成熟且具有示范带动作用的工业行业有钢铁、化工、造纸等，以上企业应积极推进中（废）水循环利用的技术改造，同时高耗水企业加强废水及污水深度处理和达标再利用，减少新水取用量，提升水效。2020年，在钢铁、化工、造纸等高耗水行业积极推广应用节水新技术、新工艺如冷却水封闭回收系统、微滤技术、反渗透处理工艺、薄膜蒸发器废水收集系统等，坚决淘汰落后的生产工艺和设备，引导和鼓励企业采用先进节水型器具和设备，改善用水环节工艺，淘汰落后设备。

（三）生活水节水潜力与路径

目前，在中卫市各县区均发现部分用水设备及器具使用时间较长，设备老旧、管道老化，在日常用水过程中依然存在跑、冒、滴、漏现象，造成城市节水成效不明显、水资源浪费严重等现象，也加重了城市经济支出成本。因此中卫市城镇生活节水可从以下几方面入手。

一是更新居民楼及办公楼里用水器具，多使用市场上及行业内新型的设备及器具，例如：纳米免冲水小便器具有无水操作、无异味、无结碱、抑菌性强等特点；节水型智能蹲便冲水器可智能识别如厕类型，自动调节冲水量；

可调型自闭式节水龙头节水率约为60%，并且有无延时、无滴漏、可旋转锁定长流水等特点。经过新型节水器具的安装和使用，可以大量减少公共区域的用水量，同时，工程施工简单，土方和墙面破坏等毁坏性工程少，确保将施工期间对居民日常生活秩序的影响降到最低。此外，城镇居民洗浴用水为第一大耗水量，可将浴室升级改造采用空气热源泵代替天然气锅炉，使用节水淋浴喷头，可以更高效地节能节水。

二是在城镇内建立雨水收集利用系统，利用雨水收集进行绿化喷灌，节约水资源，有效降低了城市绿化用水量，做到水资源的合理利用。

三是进行水平衡测试，水平衡测试是加强单位用水科学管理，最大限度地节约用水和合理用水的一项基础工作。通过水平衡测试可以较为全方位地对用水的管网状态进行了解，同时对各个单元的用水状态进行全面分析，根据分析结果制定相应的节水措施以达到用水的规范化和合理化，提高节水管理水平。

四是对于餐饮业，应将厨房用水设备更换成新型节水设备，分类清洗食材，将水资源二次利用，比如将淘米水和洗菜水用于冲马桶，打扫卫生等。建筑行业用水需注意取水量，工地用水避免使用净化水，公厕使用节水马桶及节水淋浴设备。

五是农村城镇用水除注意以上几点外，还需注意牲畜用水量，尽量做到家庭用水二次利用，可用于清洁牲畜及其饲养棚卫生，节约水资源。

六是对于居民来说，应加强水情教育，适度理性地消费水资源， 以道德约束用水不经济行为。 树立正确的水资源价值观，建立“ 水资源有限和不可替代” 新观念；培养节水理念，发挥点滴聚合效应，增强全民节水意识。

（四）生态用水节水路径

中卫市水资源严重短缺、水土流失严重、水质不稳定、水生态环境脆弱，影响着黄河的安全健康，而且中卫市在黄河流域生态保护和高质量发展先行区建设中具有承上启下的特殊重要作用，因此，中卫市生态用水要摆在重要的位置。通过雨水储蓄，把黄河水护起来，把地下水管起来，同时把中水、农田排水科学合理地用起来，构建全程、全面、全民节水新格局。

另外，地下水及水位，都会对黄河流域生态造成严重的威胁，开展地下水资源利用核查工作，对接近或超过地下水开采总量指标的区域实行新增取水许可限批制度，暂停水资源超载区域新增取水许可。在海原县有计划地建设淤地坝等雨洪水蓄积工程，做到少用或尽可能不用地下水。

第五章　吴忠市不同行业节水路径研究

一、吴忠市水资源时间动态

（一）水资源总量随时间变化动态

吴忠市在2000—2002年，水资源总量呈现上升趋势且增量在1.6亿 m^3 左右，但是在2002—2005年，水资源总量呈现急剧下降趋势，减少量在3亿 m^3 左右，在此后3年水资源总量缓慢增加，增量在1亿 m^3。在2006—2010年，水资源总量没有急剧增加或减少。2011—2014年水资源总量有较明显波动，增减量在1亿 m^3 左右。2014—2017年变化稳定，无明显增减量。2017—2018年水资源总量明显增加，增量在0.5亿 m^3，在随后的2018—2021年逐年减少。

自2003—2004年水资源急剧降低并低于平均值后，随后的13年里水资源总量均低于平均值，直到2018年水资源总量才恢复至平均值以上但随后3年又减少至平均值以下（图2–5–1）。

（二）降水量与地表水和地下水资源量随时间变化规律

2000—2003年，吴忠市地表水呈现增加趋势，2004—2006年呈现减少趋势，在随后的15年里地表水波动不明显且较为稳定，均在平均值上下浮动。

2000—2003年，吴忠市地下水资源逐年减少但减少量较小，其中2002年地下水有上升趋势，而2003—2004年地下水资源急剧减少，减少量在6亿 m^3 左右，随后自2004—2021年地下水资源总体处于下降趋势，只有2005年、2008年、2014年、2019年地下水资源有轻微上升趋势。

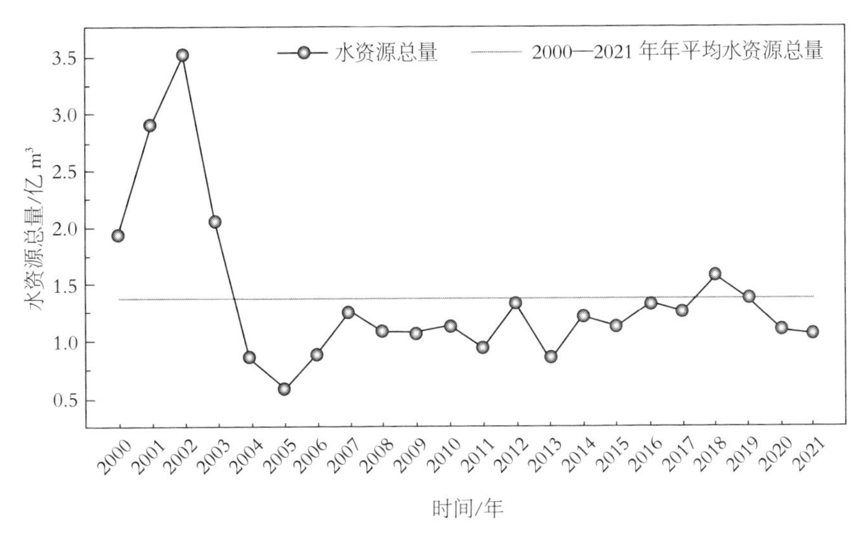

图 2-5-1　2000—2021 年吴忠市水资源总量动态变化

2000—2003 年，吴忠市降水量呈逐年升高趋势，上升量在 40 亿 m³ 左右，2003—2005 年降水量呈现急剧下降趋势，下降量在 60 亿 m³，2005—2007 年降水量呈现上升趋势增加量在 30 亿 m³ 左右，随后的两年降水量又减少近 15 亿 m³，在 2009—2012 年降水量呈上升趋势，增量在 20 亿 m³，随后 3 年有较大波动，先上升再下降。在 2015—2018 年降水量稳步上升随后逐年下降（图 2-5-2）。

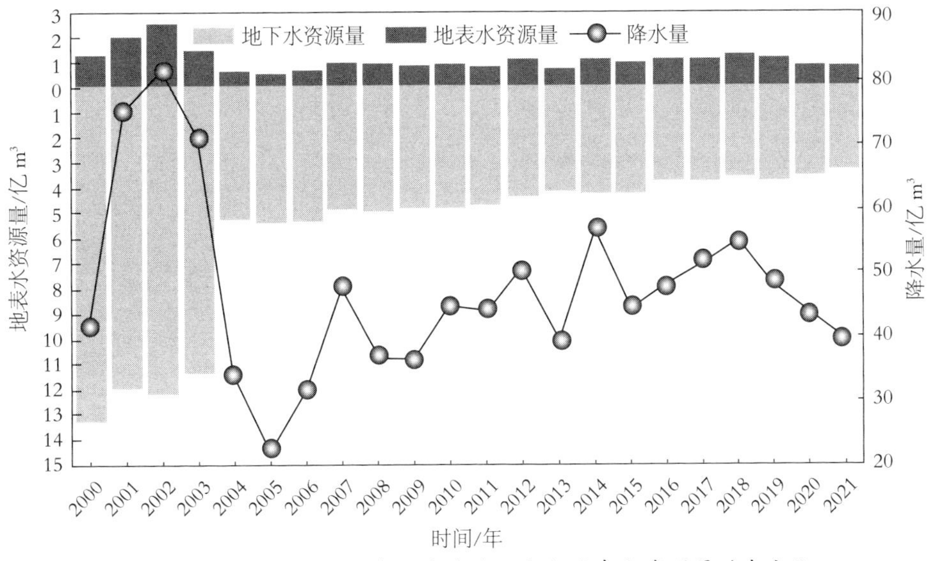

图 2-5-2　2000—2021 年吴忠市地下水与地表水资源量动态变化

（三）农业用水动态

2000—2002 年，吴忠市农业用水量在 39 亿 m^3 以上，用量极大，2003 年农业用水量降低 10 亿 m^3 左右，2005 年再降低 10 亿 m^3，随后的 16 年基本维持在 15 亿~19 亿 m^3。其中地下水只在 2001 年和 2002 年用量较大（图 2-5-3）。

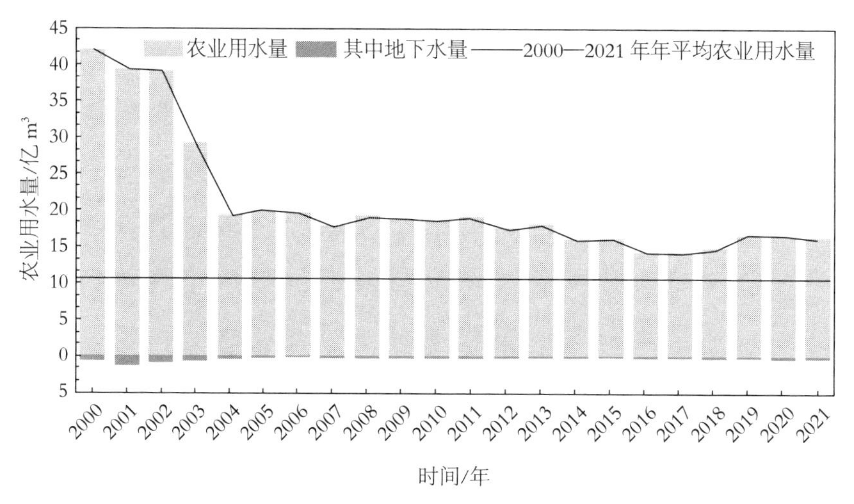

图 2-5-3　2000—2021 年吴忠市农业用水动态变化

（四）工业用水动态

2000—2003 年，吴忠市工业用水量在 1.3 亿 m^3 左右，随后降低至 0.8 亿 m^3 左右，并在之后的 10 年里均在 0.8 亿 m^3 左右波动，在 2015 年工业用水量再次降低至 0.5 亿 m^3，随后 3 年也有下降趋势，最低为 0.4 亿 m^3 左右，在 2019—2021 年上升并维持在 0.5 亿 m^3 左右。其中地下水 2000—2003 年用水量在 1 亿 m^3 左右，随后降低至 0.4 亿 m^3 并维持在 0.4 亿 m^3 上下波动在 2015 年再次下降至 0.2 亿 m^3，随后上升至 0.3 亿 m^3，但在 2017 年和 2018 年再次下降至不到 0.2 亿 m^3，2019 年地下水用量再次上升至 0.3 亿 m^3（图 2-5-4）。

（五）生活用水动态

2000—2004 年，吴忠市居民生活用水量基本维持在 0.3 亿 m^3 左右，但在 2005 年生活用水量显著降低至 0.2 亿 m^3，随后上升至 0.38 亿 m^3，并在之后的 9 年里随之波动，2016 年居民用水量显著下降至 0.3 亿 m^3，而在 2017—2020

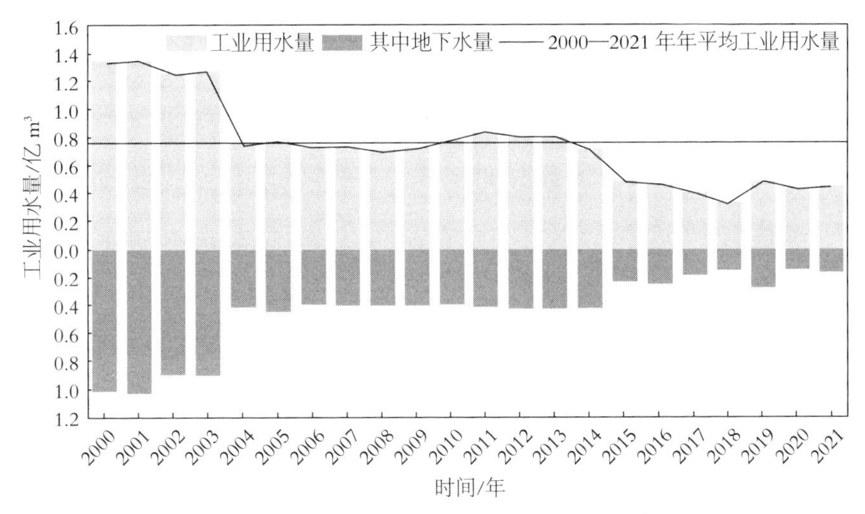

图 2-5-4　2000—2021 年吴忠市工业用水动态变化

年居民用水量急剧增加至 0.7 亿 m³，在 2021 年下降至 0.55 亿 m³ 左右。其中居民用水基本全部依赖于地下水（图 2-5-5）。

图2-5-5　2000—2021 年吴忠市生活用水动态变化

（六）生态用水动态

2000—2003 年，吴忠市生态用水量处于上升趋势，最高值在 0.26 亿 m³，随后降低至0.17 亿 m³ 左右，2017—2018 生态用水量基本稳定在 0.2 亿 m³，

2020 年激增至0.3 亿 m³ 随后下降至 0.22 亿 m³ 左右。其中在 2000—2006 年生态用水主要依赖地下水（图 2-5-6）。

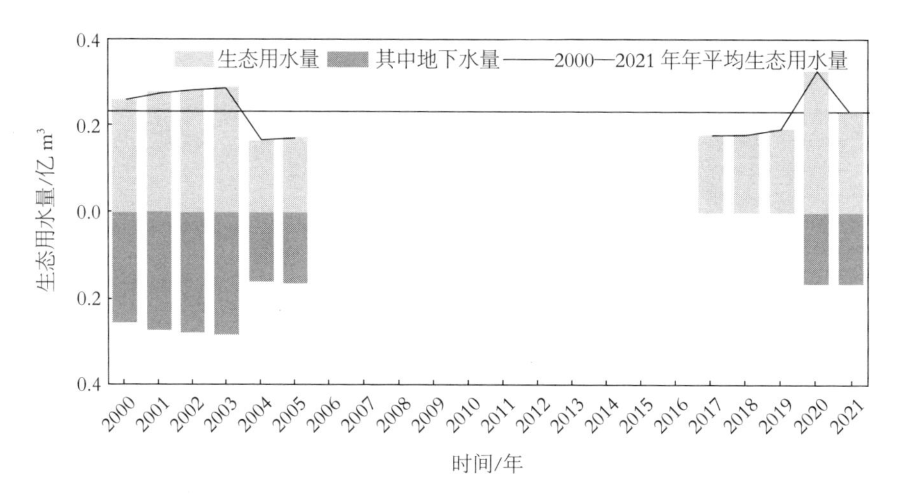

图 2-5-6　2000—2021 年吴忠市生态用水动态变化

（七）吴忠市分行业水资源耗费

2000—2020 年，吴忠市用水及耗水量最大的行业为农业，基本占总用水量的 93%~96%，其次是工业用水及耗水量，占比在 2%~4%，生活用水量占比在 1%~2%，生态用水量占比为 1%~2%（表 2-5-1）。

表2-5-1　2000—2020 年吴忠市各行业用水、耗水量

单位：亿 m³

年份	农业用水量	工业用水量	生活用水量	生态用水量	农业耗水量	工业耗水量	生活耗水量	生态耗水量
2000 年	42.161	1.334	0.320	0.260	18.700	0.424	0.096	0.260
2001 年	39.407	1.351	0.288	0.277	17.758	0.476	0.086	0.277
2002 年	39.205	1.265	0.296	0.283	17.067	0.442	0.091	0.283
2003 年	29.339	1.271	0.288	0.288	15.801	0.444	0.086	0.288
2004 年	19.446	0.751	0.280	0.166	10.987	0.292	0.080	0.166
2005 年	20.046	0.781	0.218	0.173	10.839	0.301	0.062	0.173
2006 年	19.666	0.730	0.361	—	10.068	0.286	0.229	—

续表

年份	农业用水量	工业用水量	生活用水量	生态用水量	农业耗水量	工业耗水量	生活耗水量	生态耗水量
2007 年	17.920	0.734	0.352	—	9.816	0.295	0.231	—
2008 年	19.190	0.705	0.304	—	10.521	0.270	0.207	—
2009 年	18.854	0.719	0.333	—	10.326	0.302	0.228	—
2010 年	18.578	0.784	0.325	—	9.589	0.372	0.230	—
2011 年	19.078	0.835	0.337	—	9.588	0.396	0.046	—
2012 年	17.566	0.803	0.345	—	9.065	0.383	0.240	—
2013 年	18.146	0.808	0.360	—	10.314	0.413	0.243	—
2014 年	16.113	0.719	0.380	—	9.646	0.316	0.254	—
2015 年	16.178	0.487	0.385	—	9.641	0.249	0.255	—
2016 年	14.308	0.455	0.315	—	8.604	0.228	0.093	—
2017 年	14.387	0.400	0.384	0.177	9.269	0.220	0.124	0.177
2018 年	14.880	0.324	0.445	0.180	9.196	0.184	0.134	0.180
2019 年	16.800	0.486	0.534	0.191	10.509	0.261	0.164	0.191
2020 年	16.682	0.431	0.680	0.324	10.739	0.218	0.319	0.324

注：“—”表示该年份无数据。

（八）吴忠市农业用水、耗水量与耕地面积关系分析

2000—2021 年农业用水量总体呈现下降趋势，其中 2000—2004 年农业用水量显著降低，但在后面 17 年波动不大，趋于平稳，农业耗水量与农业用水量变化基本一致，总体呈现下降趋势，后趋于平稳，而其中地下水用水及耗水量基本趋于平稳，仅在 2001 年有上升趋势后逐年下降并趋于平稳。

对于水浇地在 22 年间基本维持在 20 hm^2 左右，而旱地面积呈现先下降后上升再下降的总体趋势，水田面积则呈现逐年上升的趋势，在 2012 年水田面积上升最为显著，后又趋于平稳（图 2-5-7）。

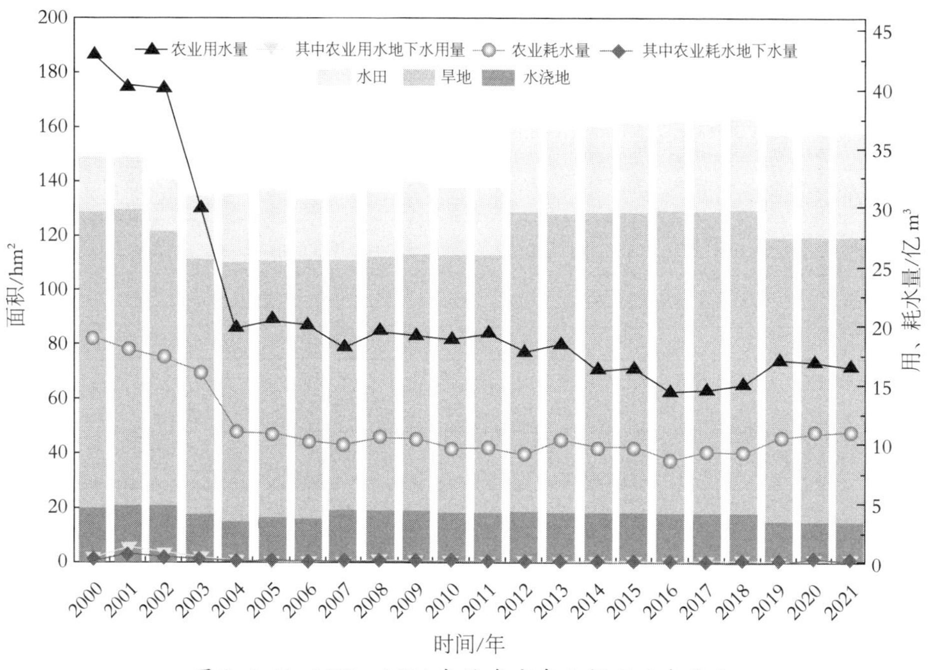

图 2-5-7　2000—2021 年吴忠市农业耗水动态变化

二、吴忠市水资源空间分布

(一) 吴忠市降水时空分布

吴忠市平均年降水量为 260.7 mm，占宁夏全区 27%，约为全国平均值的 43%，多年平均降水量为 42.742 亿 m^3，降水地区分布极不均匀，由东向西、南向北递减(图 2-5-8)。其中盐池县、同心县、红寺堡、青铜峡市和利通区多年平均降水量分别为 17.293 亿 m^3、13.309 亿 m^3、7.314 亿 m^3、2.951 亿m^3 和 2.438 亿 m^3，而平均年降水分布除青铜峡市（160 mm）外其余区县差异不大，分别是 263 mm、301 mm、265 mm 和 277 mm。河川径流量的主要补给较少为降水补给，径流的季节变化与降水的季节变化关系较密切。80%以上的降水集中在汛期（6—9 月)，多年平均径流量为 0.116 亿 m^3，平均径流深为 2.2 mm。

(二) 吴忠市地表水资源量

吴忠市多年平均地表水资源量为 0.858 亿 m^3，其中盐池县、同心县、红寺堡、青铜峡市和利通区的地表水资源量分别为 0.129 亿 m^3、0.317 亿 m^3、

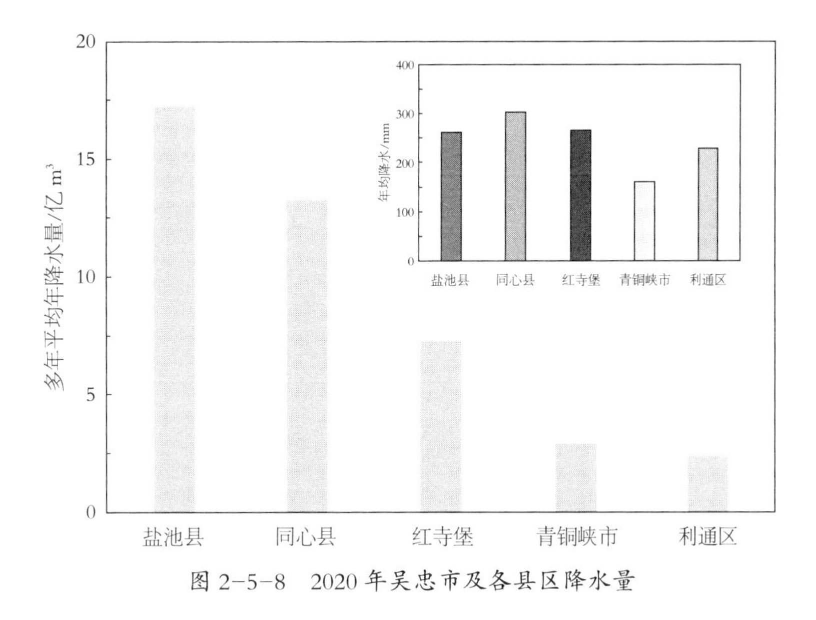

图 2-5-8　2020 年吴忠市及各县区降水量

0.14 亿 m^3、0.165 亿 m^3 和 0.107 亿 m^3，同心县地表水资源占吴忠地表水资源的 37%，区内河流的支流较多；青铜峡市地表水占吴忠地表水资源的 19%，黄河流经市区地表水资源较丰富；地表水矿化度>5 g/L 的苦咸水主要分布在同心县金鸡儿沟以南、盐池县北部(图2-5-9)。

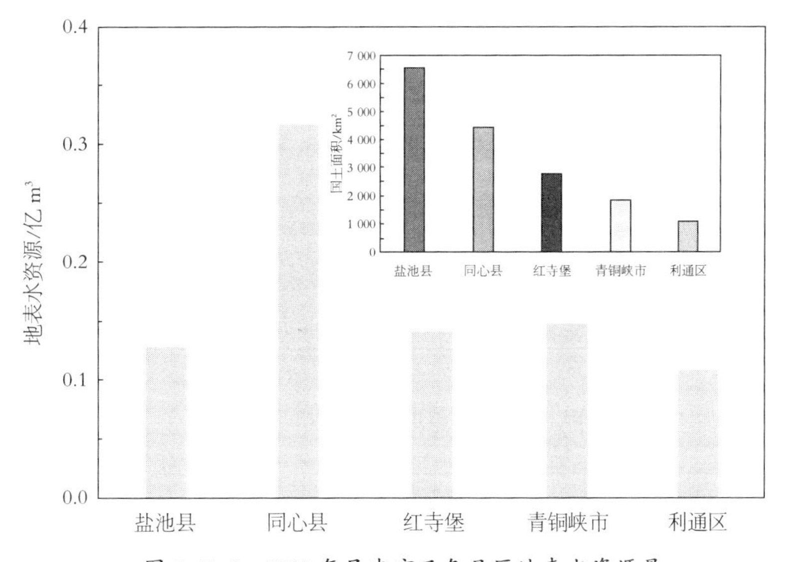

图 2-5-9　2020 年吴忠市及各县区地表水资源量

（三）地下水资源量（县域空间分布，2020 年）

吴忠市地下水资源总量为 3.516 亿 m³，占宁夏全区总量的 19.8%；其中青铜峡市、利通区、盐池县、同心县、红寺堡的地下水资源量分别为 2.074 亿m³、1.28 亿 m³、0.129 亿 m³、0.08 亿 m³ 和 0.058 亿 m³，地下水资源是吴忠农业灌溉的来源之一，开采地下水 1.09 亿 m³（图 2–5–10）。

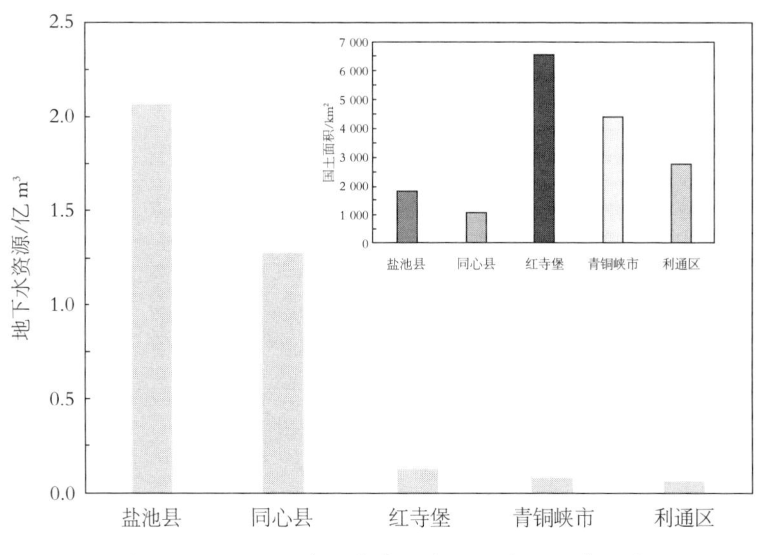

图 2–5–10　2020 年吴忠市及各县区地下水资源量

（四）水资源总量

吴忠市多年平均水资源量为 1.095 亿 m³，其中同心县为 0.332 亿 m³，占吴忠市水资源的 30.3%；而青铜峡市和盐池县相近，分别为 0.233 亿 m³ 和 0.211 亿m³，分别占吴忠市水资源的 21.3%和 19.3%；利通区和红寺堡最少，为 0.142 亿 m³ 和 0.177 亿 m³，占吴忠市水资源的 13.0%和 16.2%（表 2–5–2 和图2–5–11）。

表 2–5–2　吴忠市多年平均水资源量

地区	计算面积/km²	年降水量/亿 m³	地表水资源量/亿 m³	地下水资源量/亿 m³	重复计算量/亿 m³	水资源总量/亿 m³
利通区	1 073	2.438	0.107	1.218	1.183	0.142
红寺堡	2 760	7.314	0.140	0.058	0.021	0.177

续表

地区	计算面积/km²	年降水量/亿 m³	地表水资源量/亿 m³	地下水资源量/亿 m³	重复计算量/亿 m³	水资源总量/亿 m³
盐池县	6 566	17.293	0.129	0.086	0.004	0.211
同心县	4 421	13.309	0.317	0.080	0.065	0.332
青铜峡市	1 844	2.951	0.165	2.074	2.006	0.233
小计	16 664	43.305	0.858	3.516	3.279	1.095

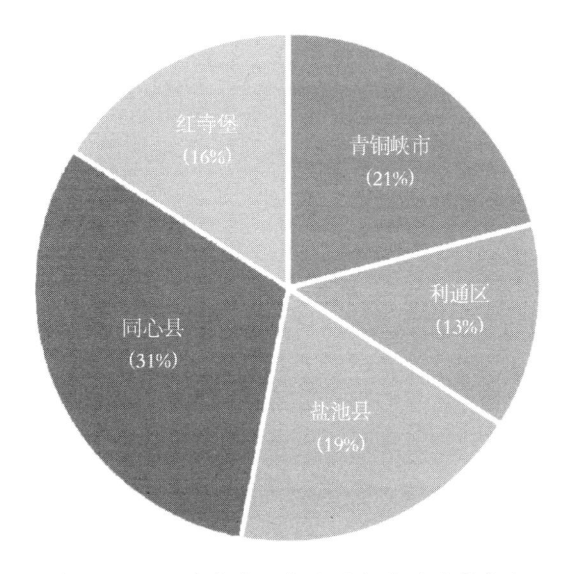

图 2-5-11　吴忠市及各县区水资源总量占比

三、吴忠市水资源利用状况

（一）农业水资源利用情况及存在问题分析

2020 年吴忠市总取水量为 18.117 亿 m³，其中引水量为 17.027 亿 m³（占 93.98%），引地下水量为 1.090 亿 m³（占 6.02%），其中农业总用水量为 16.682 亿 m³。引黄灌水量为 16.325 亿 m³，利通区、红寺堡、盐池县、同心县和青铜峡市用水量分别为 5.090 亿 m³、2.224 亿 m³、0.632 亿 m³、2.406 亿 m³ 和 5.973 亿 m³；其中畜禽用水量为 0.187 亿 m³，占总用水量的 1.12%，利通区、红寺堡、盐池县、同心县和青铜峡市用水量分别为 0.078 亿 m³、0.003 亿 m³、

0.028 亿m³、0.024 亿 m³ 和0.187 亿 m³；而冬灌补水用水量为 2.476 亿 m³，占总用水量的14.84%，利通区、红寺堡、盐池县、同心县和青铜峡市分别用水0.087 亿 m³、0.165 亿 m³、0.049 亿 m³、0.214 亿 m³、1.161 亿 m³。特别地，其中抽取利用地下水共 0.357 亿 m³，占总用水量的 2.14%，利通区、红寺堡、盐池县、同心县和青铜峡市抽取地下水量分别为 0.077 亿 m³、0.003 亿m³、0.223 亿 m³、0 m³ 和 0.054 亿 m³（图 2-5-12）。

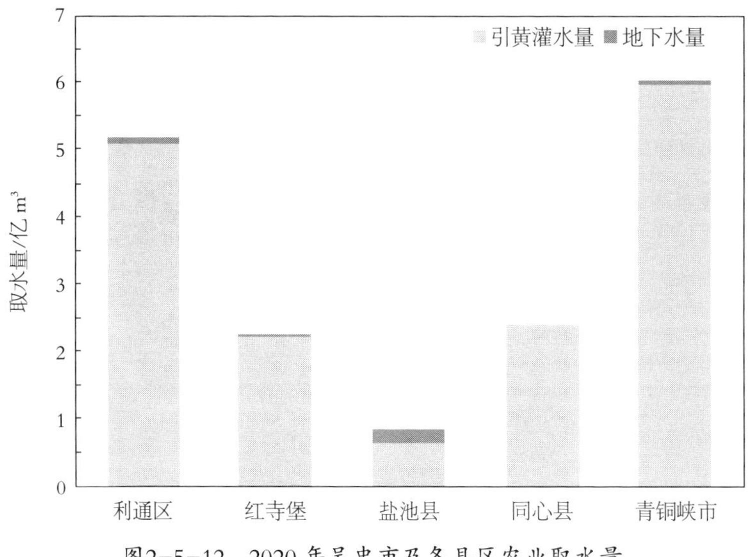

图2-5-12　2020 年吴忠市及各县区农业取水量

2020 年吴忠市总耗水量为 11.600 亿 m³，其中耗地下水量为 0.628 亿 m³，占总耗水量的 5.14%，其中农业总耗水量为 10.739 亿 m³，占总耗水的92.58%。引黄灌耗水量为 10.421 亿 m³，占总耗水量的 97.04%，利通区、红寺堡、盐池县、同心县和青铜峡市分别耗水 2.189 亿 m³、2.213 亿 m³、0.631 亿 m³、2.207 亿m³ 和3.181亿 m³；其中畜禽耗水总量为 0.187 亿 m³，占总耗水量的1.61%，利通区、红寺堡、盐池县、同心县和青铜峡市分别耗水 0.078 亿 m³、0.003 亿 m³、0.028 亿 m³、0.024 亿 m³ 和 0.187 亿 m³；其中耗地下水 0.318 亿m³，占总耗水量的 2.74%，利通区、红寺堡、盐池县、同心县和青铜峡市分别耗水0.077 亿m³、0.003 亿 m³、0.184 亿 m³、0 m³ 和 0.054 亿 m³（图 2-5-13）。

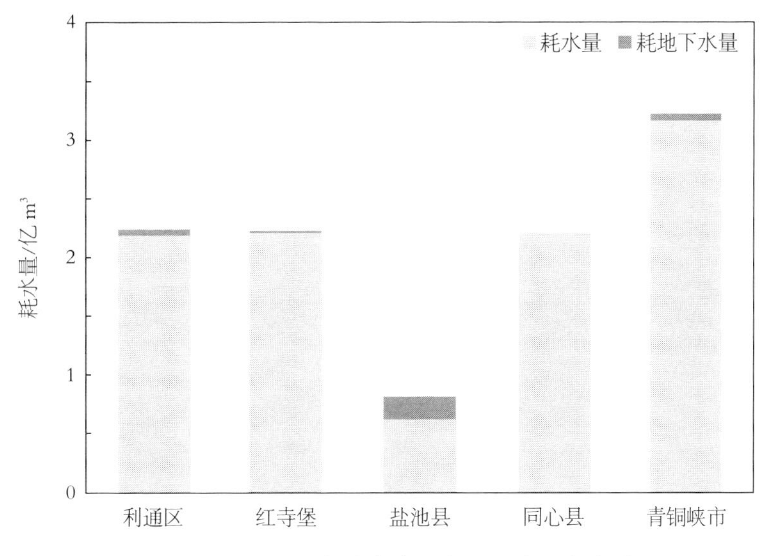

图 2-5-13　2020 年吴忠市及各县区农业耗水量

2020 年吴忠市农业总产值 85.104 7 亿元，占吴忠市生产总值的 13.69%，利通区、红寺堡、盐池县、同心县和青铜峡市农业总产值分别 24.505 5 亿元、8.918 0 亿元、9.936 2 亿元、16.969 0 亿元和 24.776 1 亿元（图 2-5-14）。

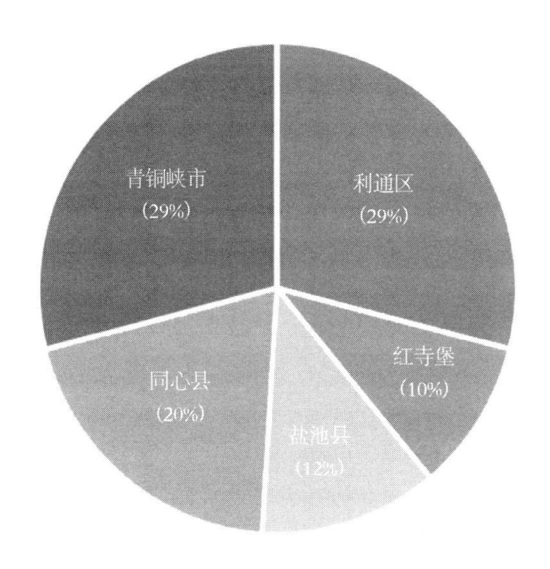

图 2-5-14　2020 年吴忠市各县区农业生产总值占比

宁夏北部地区用水主要依靠黄河水的引灌，其中吴忠市农业用水基本依靠引黄河水，极少部分来自抽取的地下水，基本没有其他水分补给，所以存在以下问题。

吴忠市青铜峡市、利通区为北部引黄灌区，主要依靠引黄河水，由于水利设施标准比较低、老化失修、长期灌溉制度等的影响，农业用水比例偏高，用水定额偏大，水资源浪费比较严重。

而同心县、红寺堡区主要河流为清水河区，清水河作为黄河的次级支流本身流量较小再加之清水河流域降水量极小，无高山湖泊为其补给，只有在汛期清水河有可观流量，旱期流量小甚至会断流，这就导致清水河流域农业用水极其不稳定，2020 年两地共取水 4.633 亿 m^3，仅为引黄灌区的 41.39%。

盐池县缺水更为严重，境内只有盐池内流区，盐池县由于土壤质地多砂，不易产生地表径流，沟道不发育，多为间歇性沟道，一般降水会迅速入渗，基本不产生地表径流，偶遇大暴雨产流也不多，只形成短小的地表径流，很快汇入洼地，不能形成河川径流、但对地下水具有补给作用，无稳定供水意义。盐池县地表水资源主要补给来源为降水，2020 年盐池内流区仅为盐池县农业用水提供 0.206 亿 m^3 水量。

黄河宁夏段自中卫市南长滩入境，至石嘴山市头道坎麻黄沟以下出境，全长397 km，占黄河全长的 7%，属黄河上游的下段。沿河两岸聚集着宁夏 80%的人口、90%的灌溉面积、80%的产业，在此产生 90%的地区生产总值，是宁夏经济生产的核心地带。而引黄灌区作为吴忠市主要的农业灌溉区，水资源水质尤为重要，2020 年黄河吴忠段全年水质类别为Ⅴ类，所以，开展黄河潜在污染源排查，严格入河、湖排污口管理，新建、改建、扩建项目不再审批通过直接入河、湖排污口项目，加大工业废水、城镇生活污水和农田退水综合治理力度，在合适地段建设排水沟、人工湿地净化水质。加快城镇污水处理厂和工业园区污水处理厂的建设和提标改造，加强农业面源污染治理，重点整治规模化畜禽养殖至关重要。

2020 年吴忠市万元 GDP 取水量为 291 m^3，农业灌溉亩均取水量为 531 m^3，灌溉水有效利用系数为 0.573。2020 年宁夏全区万元 GDP 耗水量为 187 m^3；农业灌溉亩均耗水量为 340 m^3。

（二）工业水资源利用情况及存在问题分析

2020 年吴忠市工业总用水 0.431 亿 m^3，占总取水量的 2.38%，其中引黄灌水 0.283 亿 m^3，占总工业用水量的 65.66%，利通区、红寺堡、盐池县、同心县和青铜峡市分别用水 0.03 亿 m^3、0.072 亿 m^3、0.017 亿 m^3、0 m^3 和 0.164 亿 m^3；引地下水0.148 亿 m^3，占总工业用水量的 34.34%，利通区、红寺堡、盐池县、同心县和青铜峡市分别为 0.069 亿 m^3、0.003 亿 m^3、0.014 亿m^3、0.002 亿 m^3 和 0.224 亿 m^3（图 2-5-15）。

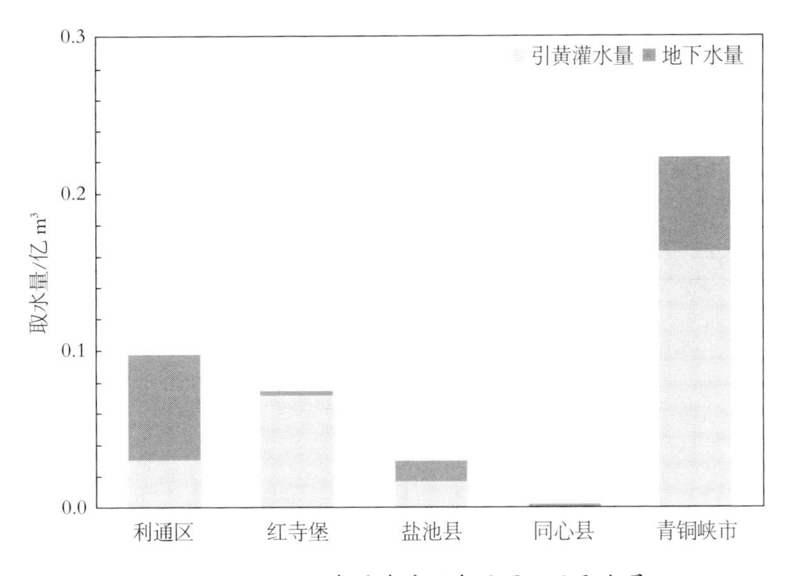

图 2-5-15　2020 年吴忠市及各县区工业取水量

2020 年吴忠市工业总耗水为 0.218 亿 m^3 占吴忠市总耗水的 1.88%。其中引黄灌水为 0.162 亿 m^3，占总耗水的 74.31%，利通区、红寺堡、盐池县、同心县和青铜峡市分别耗水 0.038 亿 m^3、0.030 亿 m^3、0.011 亿 m^3、0.001 亿 m^3 和0.138 亿 m^3；其中耗地下水 0.056 亿 m^3，占总耗水量的 25.69%，利通区、红寺堡、盐池县、同心县和青铜峡市分别耗地下水 0.023 亿 m^3、0.001 亿 m^3、

0.004 亿 m³、0.001 亿 m³ 和 0.027 亿 m³（图 2-5-16）。

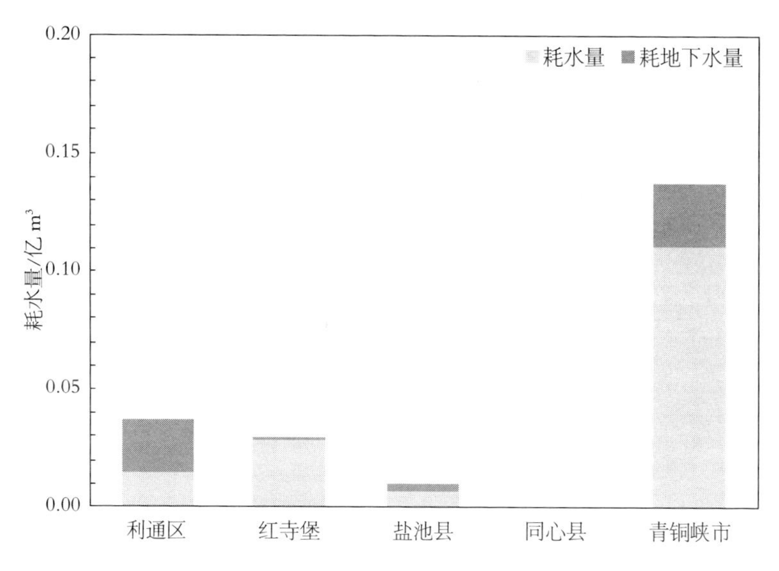

图 2-5-16　2020 年吴忠市及各县区工业耗水量

2020 年吴忠市工业总产值 225.541 亿元，占吴忠市生产总值的 36.27%，其中利通区、红寺堡、盐池县、同心县和青铜峡市工业总产值分别 60.217 亿元、30.275 亿元、50.403 亿元、29.580 亿元和 55.066 亿元（图 2-5-17）。

根据 2020 年吴忠市的生产总值不难看出，工业是吴忠市经济的支柱，仅

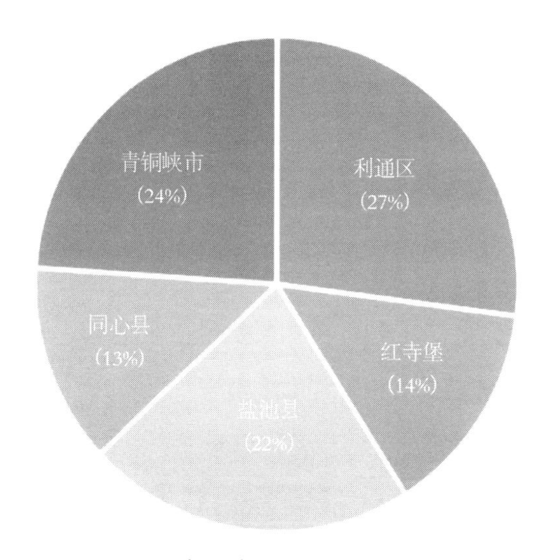

图 2-5-17　2020 年吴忠市各县区工业生产总值占比

用农业用水量的3.4%却创造了农业生产总值2.6倍的收益。但是水资源在工业生产中起着非常重要的作用，尤其宁夏作为严重缺水地区，吴忠市的工业用水基本依靠引用黄河水来满足日常工业需求。如果吴忠市的水资源供给不能够满足其工业经济高质量、长远发展的要求，那么这个吴忠市的工业用水就不安全。当水资源安全缺乏保障，工业发展的质量将有降低的风险。一方面会降低工业增长率、影响工业产品供给；另一方面也可能造成吴忠市优势资源无法被充分开发利用，限制当地优势产业的培育、壮大。强化工业领域节水、对于落实最严格水资源管理制度、缓解吴忠市水资源短缺、确保水资源安全具有重要意义，同时也是确保工业高质量发展的重要举措。再者，宁夏黄河流域处在黄河上端下游区，水资源虽然较为丰富，但产业结构偏重，宁夏重要的能源、原材料工业基地，煤化工企业大多沿河分布，水资源安全风险较高。

工业用水总量为工业取水量（为保证工业生产过程中对水的需求，从各种水源引取的新鲜水量）和工业用水重复利用量之和。工业用水受产业发展需求、工业增加值、产品结构、技术水平、资源禀赋约束、环境影响约束、工业用水价格等方面因素影响，其中，产业发展需求为工业用水系统提供正向驱动力，资源禀赋约束和环境影响约束为工业用水系统提供反向约束力，技术水平决定了工业用水系统对上述驱动力与约束力的响应能力。对企业而言，水资源短缺是促使废水再利用和提高用水效率的主要驱动力。技术水平决定了工业用水量受产业发展需求驱动和资源禀赋、环境影响约束的敏感度。在高水平的工业化生产阶段，废水回用处理技术先进高效，单位用水产生的效益较高，工业用水对产业发展需求驱动反应不灵敏，而对资源禀赋和环境约束更敏感。

所以吴忠市在工业用水方面应该坚持节水优先，切实从增加供给转向更加重视需求管理，严格控制用水总量和提高用水效率；坚持空间均衡，以水定需，确定合理的经济社会发展结构和规模，确保人与自然的和谐。企业应该采取大量先进、适用的节水技术对工艺进行改造，大幅提高水资源利用效率，减少对用水的需求，推动企业转型升级，延伸产业链，开发高附加值的低水耗产品等。通过各种方法进一步实现工业用水节约。

（三）生活水资源利用情况及存在问题分析

2020 年吴忠市生活总用水量为 0.680 亿 m^3，占总取水量的 3.75%，其中引黄灌水量为 0.162 亿 m^3，占生活总用水量的 23.82%，利通区、红寺堡、盐池县、同心县和青铜峡市生活用水量分别为 0 m^3、0.044 亿 m^3、0.070 亿 m^3、0.048 亿 m^3 和 0 m^3；引地下水量 0.518 亿 m^3，占生活总用水量的 76.18%，利通区、红寺堡、盐池县、同心县和青铜峡市分别为 0.330 亿 m^3、0.039 亿 m^3、0 m^3、0.045 亿 m^3 和 0.101 亿 m^3（图2-5-18）。

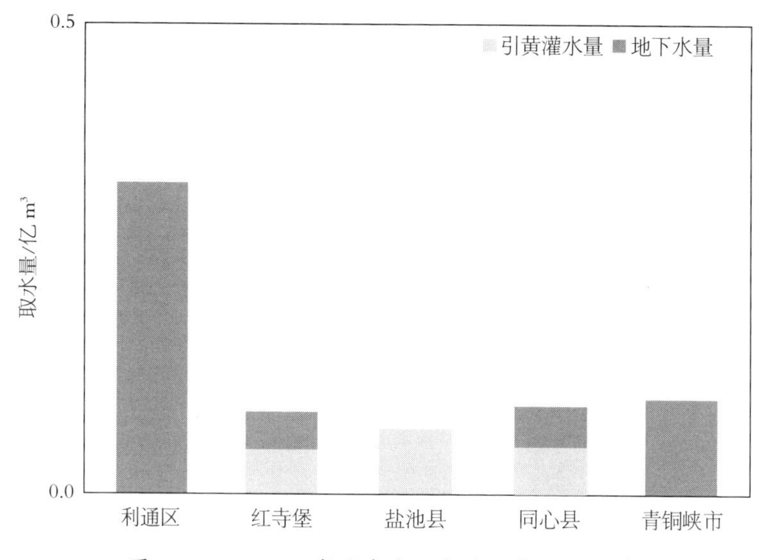

图 2-5-18　2020 年吴忠市及各县区生活取水量

2020 年吴忠市居民生活总耗水量为 0.319 亿 m^3，占吴忠市总耗水的 2.75%。其中耗引黄灌水量为 0.132 亿 m^3，占总耗水量的 41.38%，利通区、红寺堡、盐池县、同心县和青铜峡市分别耗水 0 m^3、0.044 亿 m^3、0.040 亿 m^3、0.048 亿 m^3 和 0 m^3；耗地下水 0.187 亿 m^3，占总耗水量的 58.62%，利通区、红寺堡、盐池县、同心县和青铜峡市分别耗地下水 0.116 亿 m^3、0.015 亿 m^3、

0 m^3、0.012 亿 m^3 和 0.044 亿 m^3（图 2-5-19）。

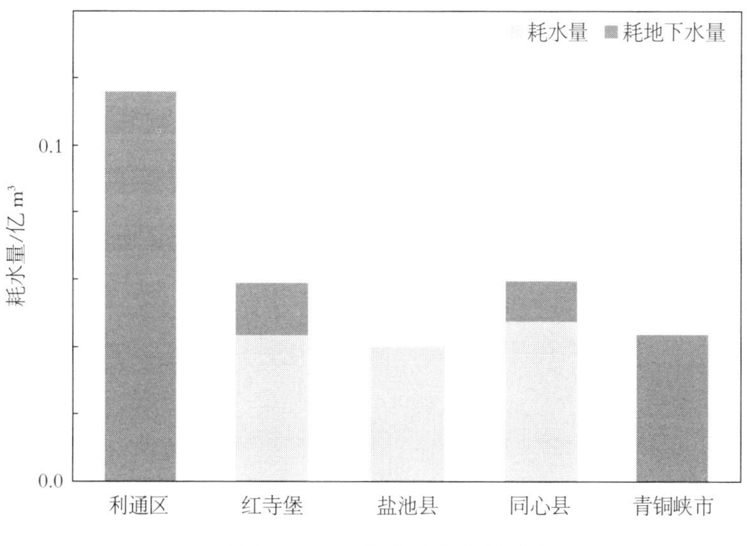

图 2-5-19　吴忠市生活耗水量

目前，随着城市工业化的快速发展，水资源污染日益严重，工业废水、废渣污染给人类社会的可持续发展带来了隐患与威胁。此外，农药、化肥的大量使用，对水资源和土壤也有着较大的破坏性。以及农村生活污水的不合理排放、生活垃圾的不合理处置、地下水的不合理开采，对水资源都产生了不同程度的破坏，水资源逐渐减少，进一步加剧了城市缺水。

从 2020 年的生活水资源利用情况数据不难看出，吴忠市各县区居民用水极其依赖地下水资源，地下水的取水比例高达 76.18%，这就意味着一旦地下水资源耗尽或是减少过多不仅会对吴忠市的生态环境、地形地貌造成不可逆的破坏，导致地形下陷，还会对人民安全用水、幸福生活造成威胁。

农村生活供水管理模式主要采取以下三种方式：一是城市集中供水向周边街镇辐射，城区已经形成了环形供水管网体系，通过在城市供水主管网进行搭接向农村地区供水，但这种模式只适用于离城市较近的街镇，较远地区难以实现，会出现供水不足等问题；二是成立村镇供水分公司，以镇为单位，建立自来水厂，主要为农村地区供水，供水量得以保障，但资金投入较大，管理难度大；三是机井取水，对于偏远农村，难以供应自来水，实施原地钻井取水，但此模式正逐渐被取代，不仅水质得不到保证，对于地下水资源也存在一定程度的破坏。因此要改善农村人居环境，实现城乡供水融合发展，解决农村居民生活用水问题至关重要。

（四）生态用水情况及存在问题分析

2020 年吴忠市人工生态环境总用水量为 0.324 亿 m^3，占总取水量的 1.79%，其中引黄灌水量 0.257 亿 m^3，占总人工生态环境用水量的 79.32%，利通区、红寺堡、盐池县、同心县和青铜峡市生态用水量分别为 0.161 亿 m^3、0.043 亿 m^3、0.043 亿 m^3、0 m^3 和0.010 亿 m^3；引地下水 0.670 亿 m^3，占总人工生态环境用水量的 20.68%，利通区、红寺堡、盐池县、同心县和青铜峡市分别为 0.033亿 m^3、0 m^3、0 m^3、0.002 亿 m^3 和0.032 亿 m^3。其中城乡环境共取水 0.15 亿 m^3，占总取水量的 46.30%，利通区、红寺堡、盐池县、同心县和青铜峡市分别取水 0.046、0.043、0.028、0.002 和 0.031；湖泊补水共取水 0.174 亿m^3，占总取水的 53.70%，利通区、红寺堡、盐池县、同心县和青铜峡市分别取水0.148 亿m^3、0 m^3、0.015 亿m^3、0 m^3 和 0.011 亿m^3（图 2-5-20）。

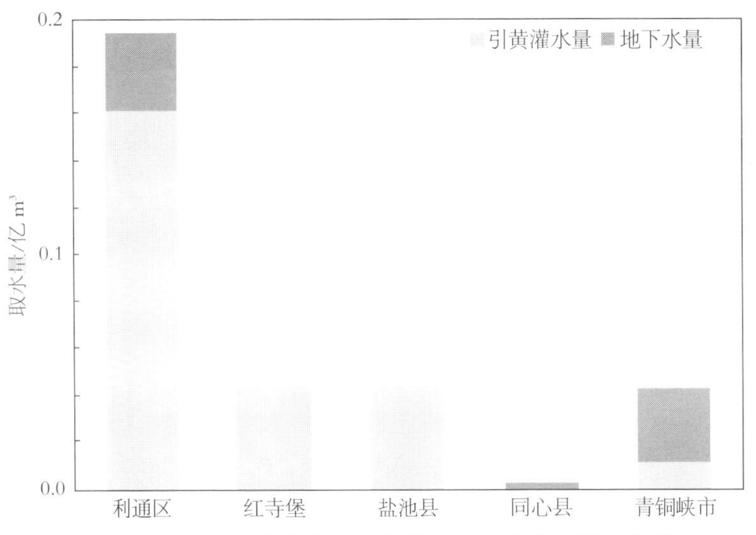

图 2-5-20　2020 年吴忠市及各县区人工生态环境取水量

2020年吴忠市人工生态环境总耗水量为0.324亿 m^3，占吴忠市总耗水的2.79%。其中引黄灌水量为0.257亿 m^3，占总耗水量的79.32%，利通区、红寺堡、盐池县、同心县和青铜峡市分别耗水0.161亿 m^3、0.043亿 m^3、0.043亿 m^3、0 m^3 和0.01亿 m^3；其中耗地下水0.067亿 m^3，占总耗水量的20.68%，利通区、红寺堡、盐池县、同心县和青铜峡市分别耗地下水0.033亿 m^3、0 m^3、0 m^3、0.020亿 m^3 和0.032亿 m^3（图2–5–21）。

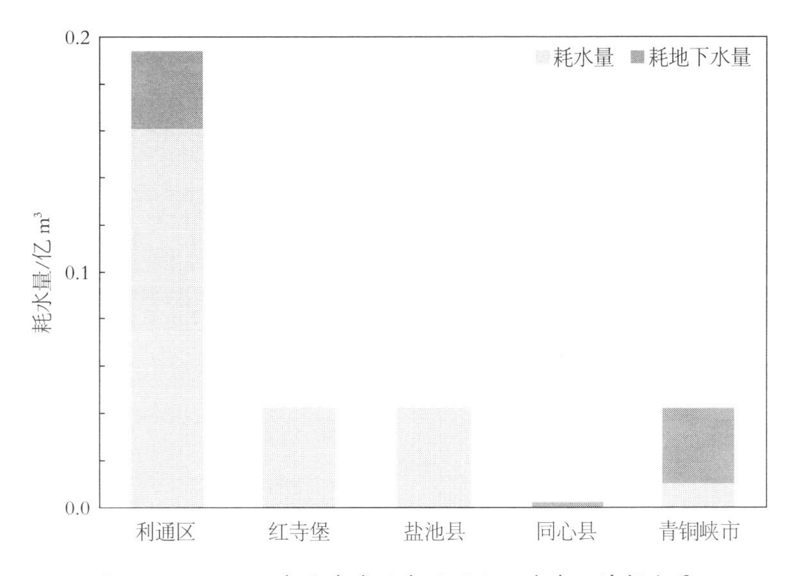

图2–5–21　2020年吴忠市及各县区人工生态环境耗水量

城市生态用水是指维系一定城市生态环境状况和目标（现状、修复和发展）下客观需求的水资源量，其实质是城市生态系统结构、功能和水分之间的相互关系问题，主要分四个层次：流域生态用水配置研究、区域生态用水配置研究、城市生态用水配置研究、生态系统内部用水配置研究。城市水景的生态用水配置属于第四个层次的研究，是在前三个层次生态用水合理配置的基础上，在生态用水不能满足生态系统最小需水量的情况下进行的生态系统内部用水配置研究。

吴忠市离国家制定的生态城市的建设目标还有很大的距离，把城市生态环境建设提高到新的水平是先进生产力的发展要求。因此，首先要转变观念，要在生活、生产和生态“三生”用水共享条件下，协调生态系统与水的关系；其次，要以改善生态环境为根本和切入点，合理制定城市水资源规划；再次，必须加强有关生态环境建设各部门之间的协调，加强水资源的统一管理；最后，要发挥重点城市生态环境建设的示范带动作用。

（五）农业结构组成

2020 年吴忠市农作物总播种面积为 30.974 4 万亩，占宁夏全区农作物总播种面积的 26.39%，利通区、红寺堡、盐池县、同心县和青铜峡市作物播种面积分别为 3.535 万亩、3.728 万亩、7.084 万亩、11.074 万亩和 5.553 万亩；其中粮食播种总面积为 18.856 4 万亩，占总播种面积的 60.88%，利通区、红寺堡、盐池县、同心县和青铜峡市粮食播种面积分别为 1.697 万亩、2.046 万亩、4.067 万亩、8.127 万亩和 2.921 万亩；其中同心县粮食播种面积最大，占全市的 43.1%，盐池县次之，占全市的 21.57%，红寺堡和青铜峡市占比分别为 10.85%和 15.49%，利通区最小仅为 8.99%。在众多粮食作物中玉米种植面积最多，占粮食播种面积的 50.14%，小麦和水稻次之，占比分别为 11.09%和 5.55%，薯类和豆类占比最少，分别为 4.68%和 0.89%。由于同心县缺少水资源，一般种植耐旱作物，所以小麦、玉米、薯类和豆类均占比较大，而因为利通区和青铜峡市临近黄河所以种植水稻较多。

对于其他经济作物 2020 年吴忠市总播种面积为 12.118 0 万亩，占农作物总播种面积 39.12%，其中蔬菜占比较多，为 29.55%，其他农作物次之，占比 26.17%，青饲料占比为 24.8%，药材种植占比 12.53%，而油料和瓜果占比最少，分别为 2.83%和 4.12%。

四、吴忠市节水潜力及节水路径

（一）农业水节水潜力和主要节水路径

2020 年吴忠市耕地面积为 30.974 4 万亩。粮食播种总面积为 18.856 4 万亩，利通区、红寺堡、盐池县、同心县和青铜峡市分别为 1.697 万亩、2.046 万亩、

4.067 万亩、8.127 万亩和 2.921 万亩。在众多粮食作物中玉米种植面积最大，小麦和水稻次之，薯类和豆类种植面积最小。对于其他经济作物，2020 年吴忠市总播种面积为 12.118 0 万亩。

对于引黄灌区（青铜峡市和利通区）地处干旱半干旱地区，降水少，蒸发量是降雨量的 6 倍左右。该区域农业生产活动历史悠久，长期的发展演变形成了以农作物、人工生态和自然生态并存的农业–生态系统，引水条件便利，引黄灌溉渠系发达，受地形条件、灌溉方式和排水能力、土壤特性等因素影响，灌区内土壤盐渍化严重，保证一定的农业安全地下水位以缓解土壤盐碱对农业生产的影响。

引黄灌区主要以种植水稻为主，稻田的水分消耗有植株蒸腾、棵间蒸发和深层渗漏 3 种途径。其中植株蒸腾和棵间蒸发与作物产量酶密切相关，难以调节以达到节水效果。深层渗漏是淹灌水田灌溉水的主要损失途径。所以在引黄灌区建议引用控制灌溉，即在返青期建立 5~30 mm 的水层，以后各生育阶段田面不保留水层，土壤湿度上限为饱和含水量，下限为饱和含水量的 60%~70%，对于引黄灌区也可引种陆稻，还可以修整稻田，防止稻田跑水、漏水，充分利用天然雨水，能有效节省灌溉用水。

盐池县作为滩羊的故乡，主要种植玉米，目前 80%玉米种植已经使用滴灌技术，节水效果较好。畜牧用水主要体现在畜禽饲料生产的耗水方面，畜牧业节水应从整个生态系统的角度出发，综合考虑畜牧养殖环节、饲草饲料种植环节、粪污及废弃物的利用环节，系统地分析畜牧养殖业与整个生态系统的关系，通过提高饲料品质、饲料水利用效率、畜禽生产效率，改进水资源管理、饲料作物品种的选择以及畜禽健康等措施，提高水资源在畜牧养殖业乃至整个生态系统的利用效率。通过新技术、设备的运用和改进管理措施可提高畜牧业的水资源利用效率，而且有很大的提高空间。针对不同地区气候环境特点应采取不同的节水措施。

（二）工业节水的潜力和路径

吴忠市工业快速发展，工业产业门类进一步细化，呈现出多样性，产业体系更加健全，由于工业节水投资较少、缺乏先进节水技术、可持续利用水资源有限，吴忠市工业产值增速持续变缓，产业结构性风险逐渐显现。工业节水的关键在于用水效率的提升，节约水资源，具体建议如下。

（1）建立水循环、分级供水体制，实现专水专供来实现节水。最典型的是间接冷却水的循环使用、锅炉水的重复利用、污水处理重复利用等，也能够有效降低企业用水量。鼓励企业在生产工序中积极采用中水、进行污水回收利用，以实现工业用水的低成本和高效率利用。在纺织企业较为有效的节水措施是在氧漂机、水洗机、皂洗机、丝光机上分别安装热交换器和循环过滤器，实现冷却水封闭式循环利用。

（2）在工业企业生产过程中，通过改革生产方法、生产工艺和设备或用水方式，减少生产用水的一种节水途径即为生产工艺节水。生产过程中生产工艺决定了其所需的用水量，也就是意味着要想从根本上解决用水问题，达到节约用水目的，必须改进现有生产工艺。比如高效换热技术、空气冷却代替水冷技术等。

（3）通过完善用水计量系统，制定和实行用水定额制度，实行节水奖励、浪费惩罚制，制定合理水价，加强用水考核等管理手段，也可以达到节约用水的目的。例如用水计划到位、节水目标到位、节水措施到位、管水制度到位。积极开展创建节水型企业活动，落实各项节水措施。健全用水管理制度，以便考核及进行必要的奖惩。充分利用水价的杠杆作用，通过制定合理的水价机制，让企业对水资源的利用效率提高重视，真正意识到节水的重要性，进而自觉地提高企业工业用水效率。控制点应实行在线监测。

（4）污水再回收利用。再回收利用的污水作为工业企业补充水，在一些对水质要求较低的生产中可用其替代新水；可充当生活或者生产的杂用水，比如冲厕、洗车、清扫等；可用于浇洒厂区道路或其他公共场所，作为补充人工湖、池塘等用水等，可被广泛应用在城市的多个方面。

总之，应充分认识到吴忠市地处黄河上游，将逐年实施限额用水，面对水资源紧缺的局面，应采取统一规划、统筹水资源措施，对水资源进行合理开发和管理，提高水资源利用率，建议加快调整产业结构和工业布局，严格限制高耗水工业的发展，逐步提高工业用水的重复利用率，深入研究节水措施，加大节水工程投入。

（三）生活水节水潜力与路径

吴忠市区县居民用水极其依赖地下水资源，这就意味着一旦地下水资源耗尽或是减少过多不仅会对吴忠市的生态环境、地形地貌造成不可逆的破坏，导致地形下陷，还会对人民安全用水、幸福生活造成威胁。

城市人口相对聚集的地方，需要从宣传节水理念、推广节水措施等多个方面开展节约用水活动。对于城市居民节水潜力，其一是部分城市居民对于水资源的认知存在缺陷，导致了人们对水资源的肆意浪费。另外水价对于居民水费支付影响不大，所以节水意识的建立非常重要。多数人对于公众利益会存在不以为意的想法，认为水资源缺乏没有涉及自身的利益。在城市生活中水资源浪费是一种极为普遍的行为，例如，多数居民在清洗水果蔬菜的过程中，会直接使用流水，洗过水果的水将会直接流失，洗衣机污水直接排放，水果、蔬菜等清洗的过程中反复地进行冲水，形成严重的浪费。另外，城市节水措施不完善。例如节能型卫生器具、开水阀等使用不广泛，卫生用具是造成水资源浪费的一个部分。节水措施是节约用水的主要实施渠道，而这一点也是居民容易出现误区的地方，所以需要大力地推广节水措施，使群众能够通过有效的方式实施节水活动。

由于农村居民获取节水知识的途径有限，加之对节约用水很少关注，节水意识甚是淡薄。因此，要增强农村节水意识政府部门应该积极采取措施，加大宣传力度，增强居民节水意识。另外，农村居民对于用水价格敏感，因此，合理水价调控机制对于节水具有重要的作用。节约用水已经上升至全民关注的地位，现代水资源危机逐渐加深，如不加以制止则可能造成严重的用水危机。

（四）生态用水节水路径

为解决生态用水量不足的问题，只能节约用水。把节水放在优先位置，以水定需、以水定产，统筹推进水安全、水生态、水文化建设。首先，绿化景观生态用水应优先使用地表水，辅之以地下水，充分利用再生水，灌溉措施应该以滴灌、微喷灌等节水措施为主。其次，防护林带要充分利用季节性弃水和灌溉退水，辅之以地下水进行灌溉，使有限的水资源得到充分利用。再次，生态建设树种、草种、花卉品种等选择，应该充分考虑自然环境水分-植被承载力，以本土耐干旱品种为宜。最后，为缓解生态用水与农业生产争水矛盾，吴忠市生态灌溉应避开农业灌溉高峰期，统筹规划，合理配水，灌水时段选在每年的 3—5 月和 9—11 月为宜，特旱年夏季灌水可配合机泵补水、生态调水等方式予以解决。总之，要转变观念，要在生活、生产和生态“三生”用水共享条件下，协调生态系统与水的关系；以改善生态环境为根本和切入点，合理制定城市水资源规划；加强有关生态环境建设各部门之间的协调，加强水资源的统一管理。

第六章　石嘴山市不同行业节水路径研究

一、石嘴山市水资源时间动态

（一）石嘴山市水资源时间动态

1. 水资源总量随时间变化动态

2000—2021 年，石嘴山市水资源总量呈微弱增加态势，年际波动明显。22 年内石嘴山市水资源总量年均值为 1.282 亿 m^3，其中水资源总量在 2000 年达到全年最小值，仅为 0.595 亿 m^3，而水资源总量最高为 2018 年，其值为 2.432 亿 m^3。2000 年以来，石嘴山市水资源总量出现了 5 次比较大的增减变化趋势，分别是 2002 年、2005 年、2006 年、2012 年和 2018 年，其中只有 2005 年处于低值，2018 年处于最高值（图 2-6-1）。

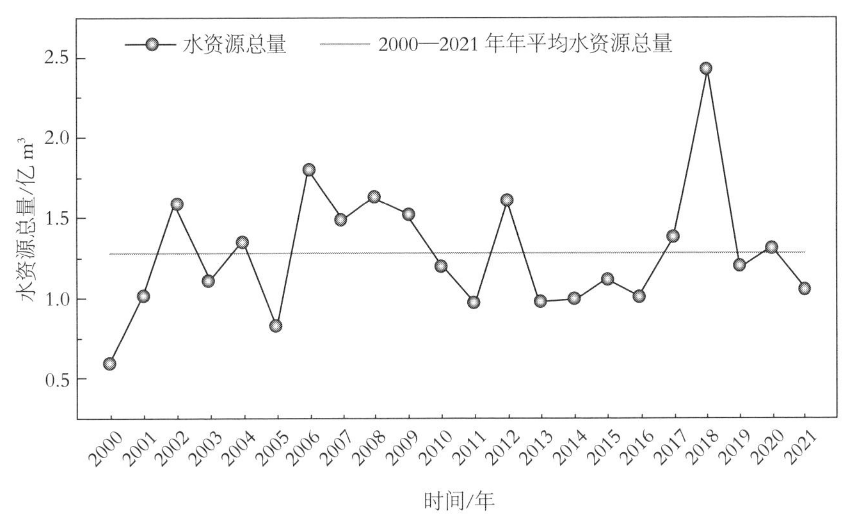

图 2-6-1　2000—2021 年石嘴山市水资源总量动态变化

2. 降水量与地表水和地下水随时间变化的规律

2000—2021 年，石嘴山市年际降水量波动幅度强于地表水资源量和地下水资源量。地表水资源与降水量基本保持一致的波动变化，地下水资源量除 2005 年和 2018 年外与年际降水量变化趋势基本一致。总体来看，降水量主要为地下水的补给源，对地表水的补给相对较少(图 2-6-2)。

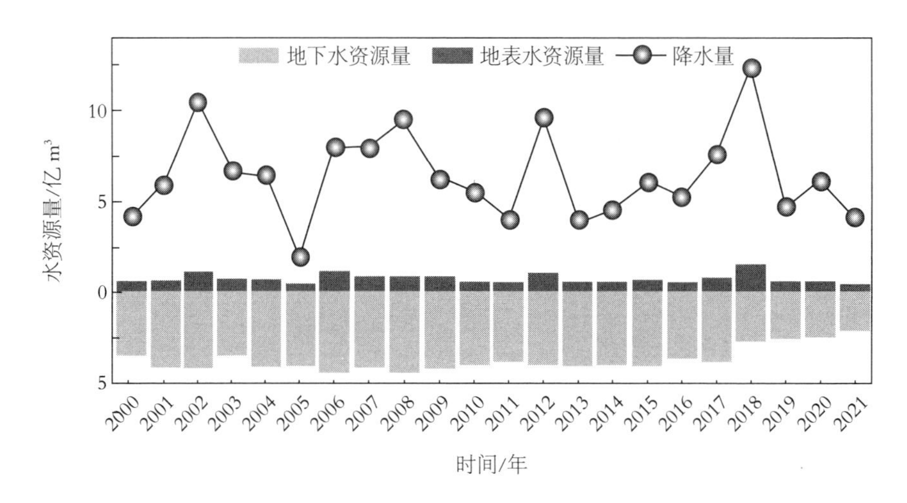

图 2-6-2　2000—2021 年石嘴山市降水量与地表水和地下水资源量动态变化

(二) 石嘴山市分行业用水动态

1. 农业用水动态

2000—2021 年，石嘴山市平均农业用水量为 10.592 亿 m³，其中农业用水量在 2002 年达到最大值，为 12.480 亿 m³，而最低为 2016 年，其值为 8.651 亿 m³。除 2001 年和 2020 年，用于农业的地下水资源较少相对也比较稳定，在 0.2 亿 m³ 左右波动。整体来看，22 年来石嘴山市农业用水量基本在平均值附近波动，自 2014 年以来农业用水量呈现略微减少趋势(图 2-6-3)。

2. 工业用水动态

2000—2021 年，石嘴山市平均工业用水量为 1.246 亿 m³，其中基本一半来自地下水。工业用水量在 2000 年达到全年最大值，为 2.204 亿 m³，而最低为 2020 年，其值为 0.749 亿 m³。整体来看，22 年来石嘴山市工业用水呈现出

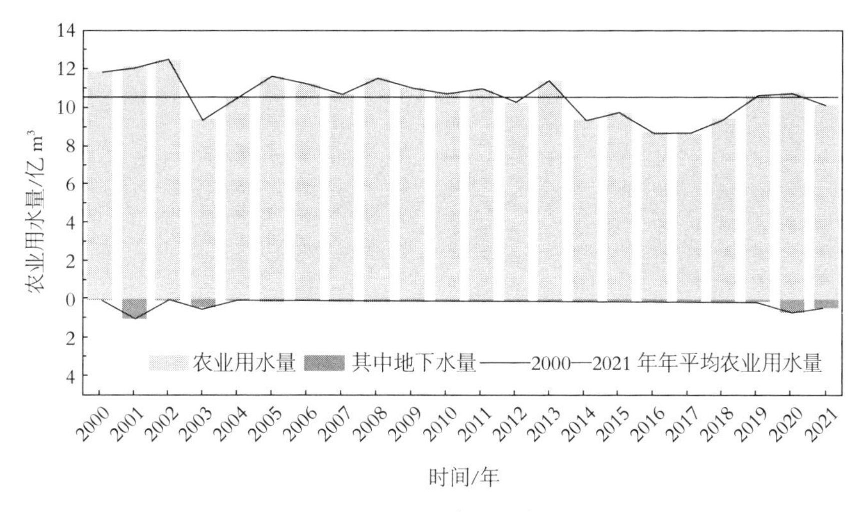

图 2-6-3　2000—2021 年石嘴山市农业用水动态变化

波动下降的趋势，自 2015 年开始，工业用水量低于年平均值（图 2-6-4）。

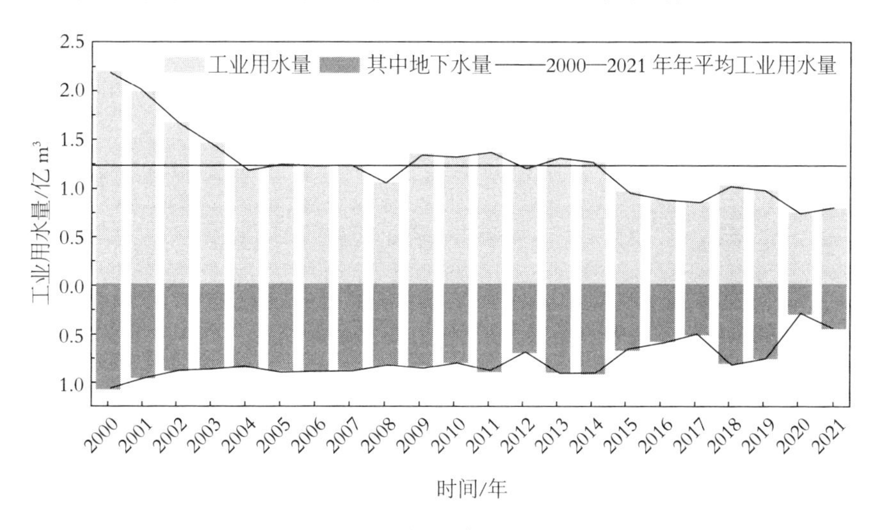

图 2-6-4　2000—2021 年石嘴山市工业用水动态变化

3. 生活用水动态

2000—2021 年，石嘴山市平均生活用水量为 0.291 亿 m³，其中生活用水量在 2019 年达到最大值，为 0.470 亿 m³，而最低为 2002 年和 2003 年，其值均为 0.193 亿 m³。2009 年以前，石嘴山市生活用水全部来自地下水。整体来看，22 年来石嘴山市生活用水呈现出波动增加的趋势，自 2014 年开始生活用水量高于年平均值（图 2-6-5）。

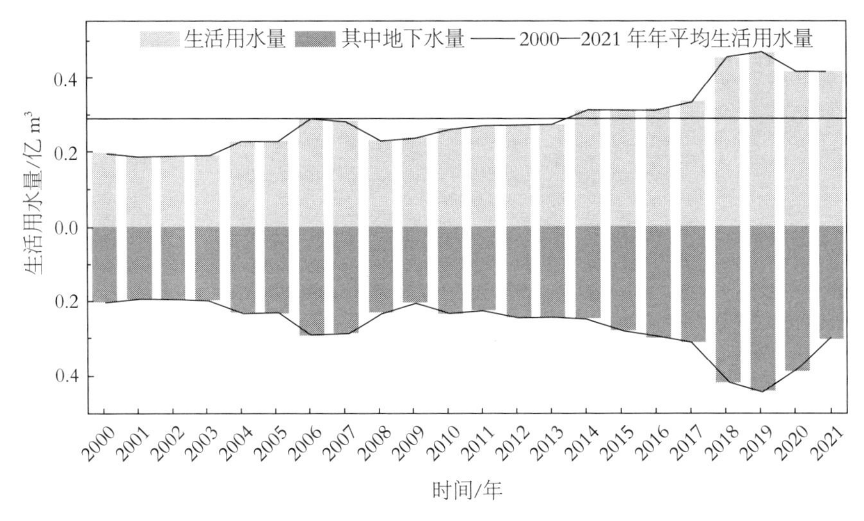

图 2-6-5　2000—2021 年石嘴山市生活用水动态变化

4. 生态用水动态

2000—2021 年，石嘴山市平均生态用水量为 0.288 亿 m³，主要集中在 2017 年以后，2000—2005 年维持在 0.065 亿 m³ 左右，其全部来自地下水。生态用水量在 2020 年达到全年最大值，为 0.870 亿 m³。整体来看，石嘴山市近几年加大了在生态用水方面投入的同时减少了对地下水资源的开采（图2-6-6）。

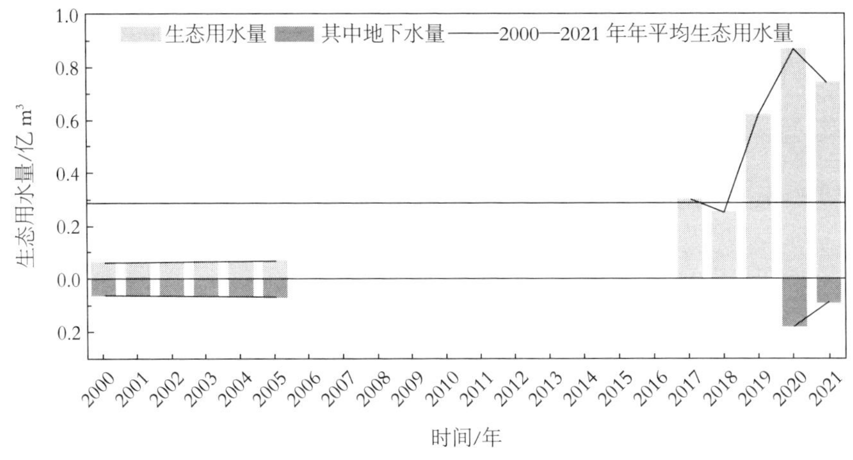

图 2-6-6　2000—2021 年石嘴山市生态用水动态变化

注：2006—2016 年无统计数据。

5. 用水类型与地表水、地下水和降水量之间的相关关系

除 2005 年外，石嘴山市农业用水量与降水量、地表水资源量基本呈现较为一致的波动变化，2000—2017 年石嘴山市地下水资源并未随农业用水量的变化发生明显的同步波动，而是保持在相对稳定的范围内。整体来看，工业用水量呈现逐年波动递减趋势，年际波动幅度较小，而降水量年际波动较大，地表水资源量与降雨量变化趋势相近，但降水量、地表水资源量与工业用水量没有表现出明显的相关关系，工业用水量与地下水资源量随年际的变化呈现出基本一致的同步变化趋势。生活和生态用水量逐年增加，但与地表水、地下水和降水量呈相反的变化趋势(图2-6-7)。

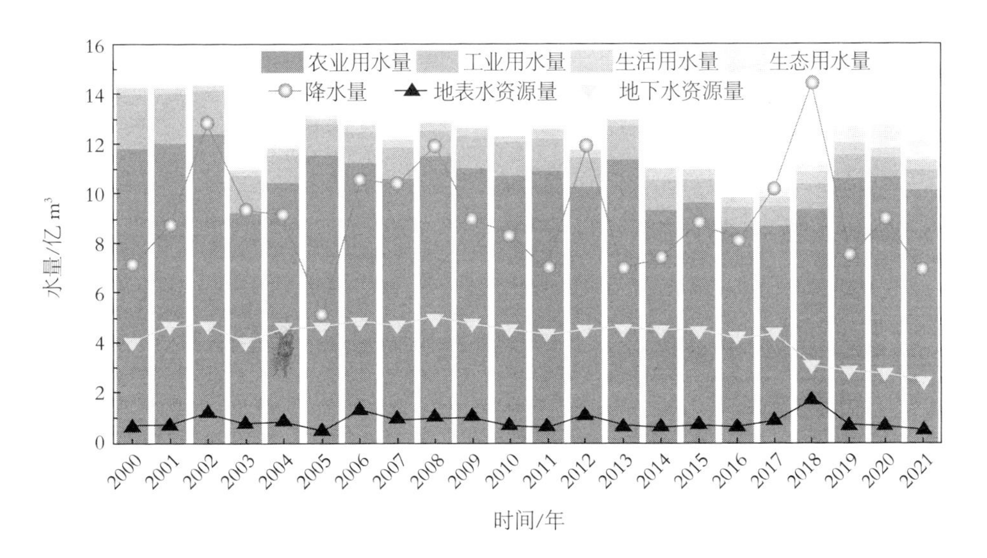

图 2-6-7　2000—2021 年石嘴山市用水类型与降水量、地表水和地下水资源量的动态变化

（三）石嘴山市分行业水资源耗费

1. 农业耗水动态

2000—2021 年，石嘴山市平均农业耗水量为 5.122 亿 m³，其中农业耗水量在 2001 年达到全年最大值，为 6.828 亿 m³，而最低为 2016 年，其值为3.557 亿m³。除 2003 年和 2020 年，农业耗费的地下水资源较少且相对也比较稳定。整体来看，石嘴山市农业耗水量呈“先降低后升高”的变化趋势（图 2-6-8）。

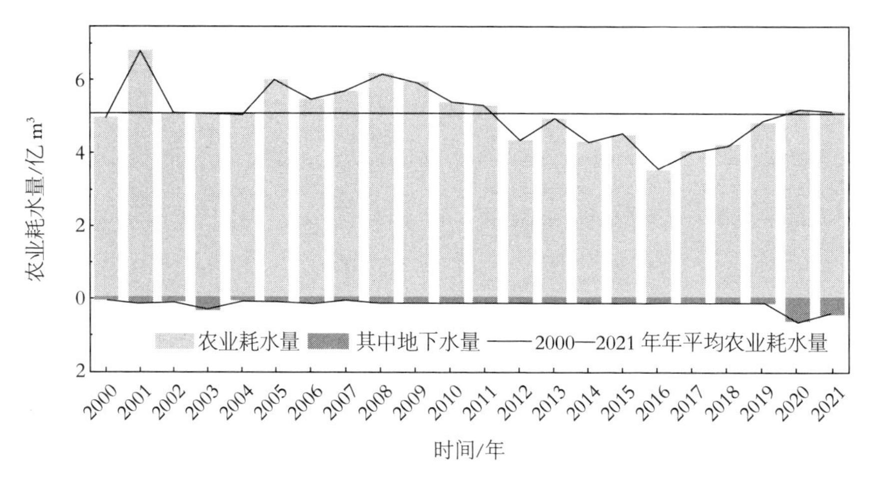

图 2-6-8　2000—2021 年石嘴山市农业耗水动态变化

2. 工业耗水动态

2000—2021 年，石嘴山市平均工业耗水量为 0.513 亿 m³，其中工业用水量在 2011 年达到全年最大值，为 0.736 亿 m³，而最低为 2002 年，其值为 0.320亿 m³。整体来看，22 年间石嘴山市工业耗水呈现 “先上升后下降” 的波动变化趋势，其中自 2009 年开始用于工业的地下水比例降低（图 2-6-9）。

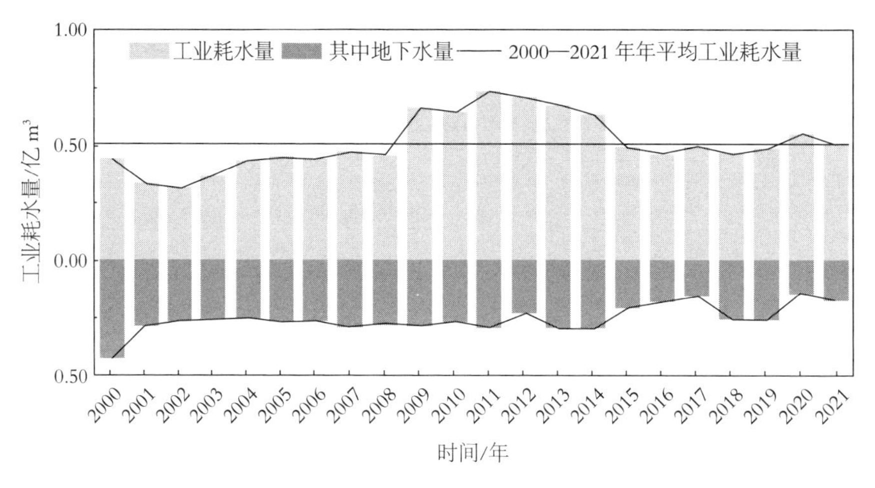

图 2-6-9　2000—2021 年石嘴山市工业耗水动态变化

3. 生活耗水动态

2000—2021 年，石嘴山市平均生活耗水量为 0.103 亿 m³，其全部来自地下水。生活耗水量在 2011 年达到全年最大值，为 0.151 亿 m³，而最低为 2011 年，其值为 0.063 亿 m³。整体来看，2006 年以前，石嘴山市生活耗水在 0.058 亿 m³ 左右轻微波动，2006 年以后呈现出波动上升的趋势(图 2-6-10)。

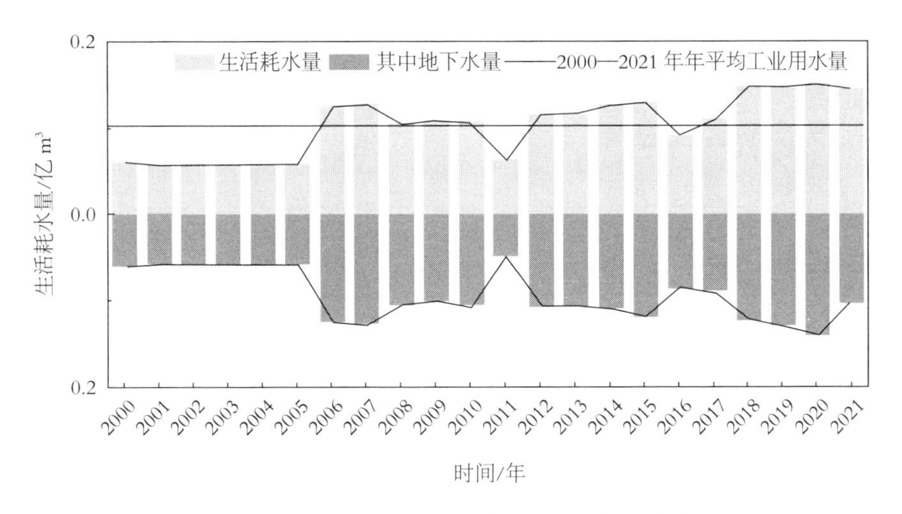

图 2-6-10 2000—2021 年石嘴山市生活耗水动态变化

4. 生态耗水动态

2000—2021 年，石嘴山市平均生态耗水量为 0.336 亿 m³，其中 2006 年前生态耗水全部来自地下水。生态耗水量在 2020 年达到最大值为0.870 亿 m³，而最低为 2001 年，其值为 0.063 亿 m³。整体来看，石嘴山市生态耗水年际间波动极不均匀，近几年来，用于生态方面的地下水占比有下降趋势(图 2-6-11)。

5. 用水量与耗水量之间的比例关系

2000—2020 年，石嘴山市农业用水量在 4 类行业中最多并随年份的增加呈“先增加后降低”的变化趋势，波动范围为 83%~90%，其次为工业用水量，用水范围为 6%~15%，21 年间工业用水量呈波动降低的同时近几年生态用水量占比增加，生活用水量虽呈现出逐年增加的趋势，但增加不明显。同样，石嘴山市农业耗水量占 4 类行业耗水量首位，2000—2020 年，农业耗水占总耗水的最低比例为 77%。工业耗水次之，占比为5%~12%，并且随年份的增加

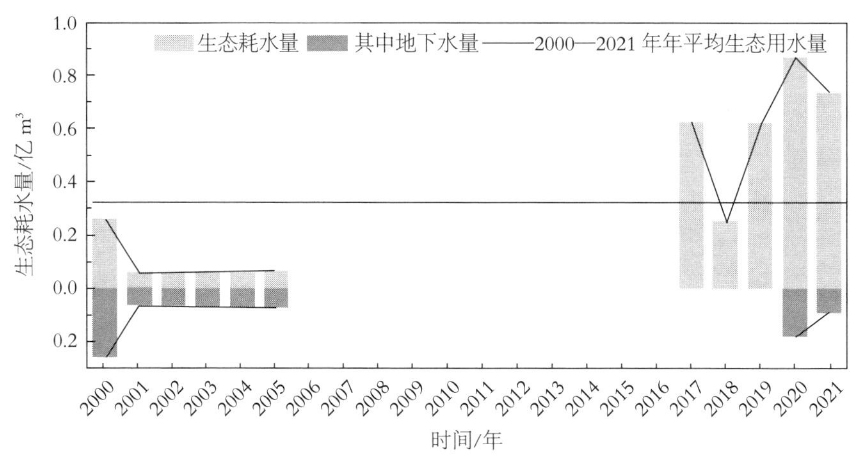

图 2-6-11　2000—2021 年石嘴山市生态耗水动态变化
注：2006—2016 年无统计数据。

呈“先增加后降低”的变化趋势，与此同时近五年生态耗水占比有增加趋势（表2-6-1）。

表 2-6-1　2000—2020 年石嘴山市各行业用水、耗水量

单位：亿 m³

年份	农业用水量	工业用水量	生活用水量	生态用水量	农业耗水量	工业耗水量	生活耗水量	生态耗水量
2000 年	11.863	2.204	0.199	0.061	5.011	0.441	0.060	0.260
2001 年	12.071	1.989	0.191	0.063	6.828	0.337	0.057	0.063
2002 年	12.480	1.674	0.193	0.065	5.117	0.320	0.058	0.065
2003 年	9.330	1.453	0.193	0.067	5.068	0.367	0.058	0.067
2004 年	10.433	1.193	0.231	0.067	5.112	0.432	0.058	0.067
2005 年	11.603	1.247	0.231	0.069	6.046	0.450	0.058	0.069
2006 年	11.246	1.228	0.289	—	5.527	0.443	0.125	—
2007 年	10.685	1.237	0.286	—	5.720	0.472	0.128	—
2008 年	11.554	1.058	0.232	—	6.192	0.459	0.105	—
2009 年	11.039	1.346	0.237	—	5.947	0.666	0.109	—
2010 年	10.766	1.325	0.265	—	5.427	0.648	0.107	—
2011 年	10.932	1.37	0.273	—	5.307	0.736	0.063	—

续表

年份	农业用水量	工业用水量	生活用水量	生态用水量	农业耗水量	工业耗水量	生活耗水量	生态耗水量
2012 年	10.294	1.219	0.273	—	4.369	0.713	0.117	—
2013 年	11.400	1.315	0.273	—	4.993	0.677	0.117	—
2014 年	9.370	1.268	0.315	—	4.312	0.637	0.127	—
2015 年	9.721	0.970	0.312	—	4.535	0.496	0.130	—
2016 年	8.651	0.890	0.316	—	3.557	0.466	0.092	—
2017 年	8.680	0.865	0.338	0.297	4.089	0.497	0.111	0.625
2018 年	9.411	1.023	0.455	0.252	4.245	0.471	0.149	0.252
2019 年	10.613	0.980	0.470	0.621	4.884	0.488	0.148	0.621
2020 年	10.723	0.749	0.419	0.870	5.217	0.553	0.151	0.870

注：“—”表示该年份无数据。

（四）石嘴山市农业用水、耗水与耕地面积关系分析

整体来看，2000—2021 年石嘴山市农业用水量呈波动微弱的减少趋势，而水浇地面积随年份增加表现出增加的趋势，农业地下水用量和农业地下耗水量与水浇地面积基本呈现一致的变化趋势。农业用水、耗水量与旱田面积未表现出明显相关关系。农业用水、耗水量与水田面积表现出明显的同步变化趋势，其中地下用水、耗水量更为明显（图 2-6-12）。

二、石嘴山市水资源空间分布

（一）降水分布

石嘴山市年降水量约为 148 mm，约为全国平均值的 23%，2020 年降水量略高于多年平均降水量，较上一年也有所增加。该市降水分布不均匀，大武口区降水最多，为 166 mm，惠农区降水量最少为 138 mm。其中大武口区、惠农区和平罗县降水量分别为 1.402 亿 m^3、1.972 亿 m^3、4.486 亿 m^3（图 2-6-13a）。其中 70%以上的降水集中在 6—9 月，6 月降水最多，占全年总降水

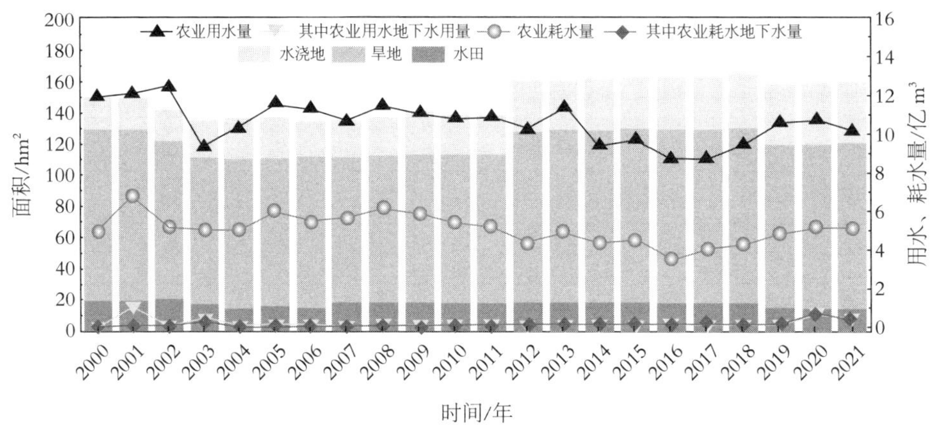

图 2-6-12　2000—2021 年石嘴山市耕地类型与农业用水耗水量的动态变化

注：耕地类型的面积为宁夏全区耕地面积。

量的 30%以上（图 2-6-13b）。惠农区后半年降水量少是导致其年降水量低于其他两个县区的主要原因之一。

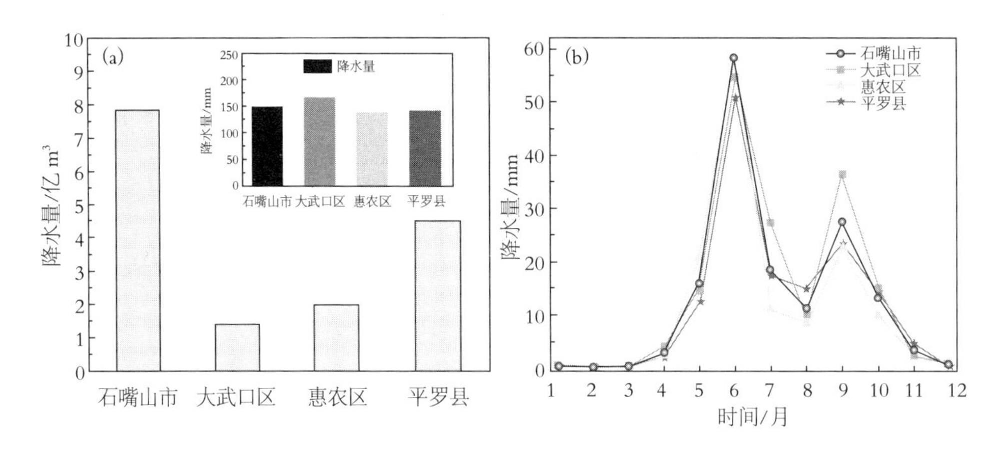

图 2-6-13　2020 年石嘴山市及各县区降水量

（二）地表水资源量

石嘴山市地表水资源总量为 0.615 亿 m³，其中大武口区、惠农区、平罗县地表水资源量分别为 0.064 亿 m³、0.129 亿 m³、0.422 亿 m³（图 2-6-14）。平罗县地表水资源是石嘴山市总地表水资源的主要贡献区，占总地表水资源总量的 69%，大武口区地表水资源仅占到石嘴山市地表水资源总量的 10%。

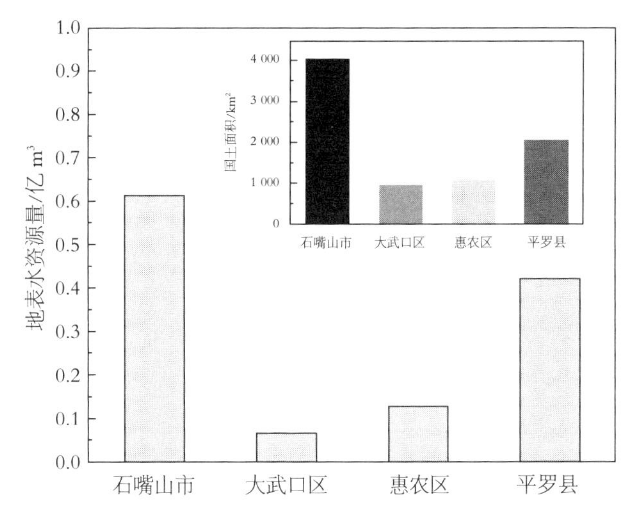

图 2-6-14 2020 年石嘴山市及各县区国土面积及地表水资源量

（三）地下水资源量

石嘴山市地下水资源总量多年平均为 2.458 亿 m^3，其中大武口区、惠农区、平罗县分别为 0.500 亿 m^3、0.650 亿 m^3、1.308 亿 m^3（图 2-6-15）。平罗县地下水资源占比最高，占全市总地下水资源总量的 53%，大武口区地下水资源仅占石嘴山市地下水资源总量的 20%。石嘴山市存在 4 个地下水超采区，超采区总面积达 447 km^2，分别为大武口区中型孔隙承压水地下水超采区，面

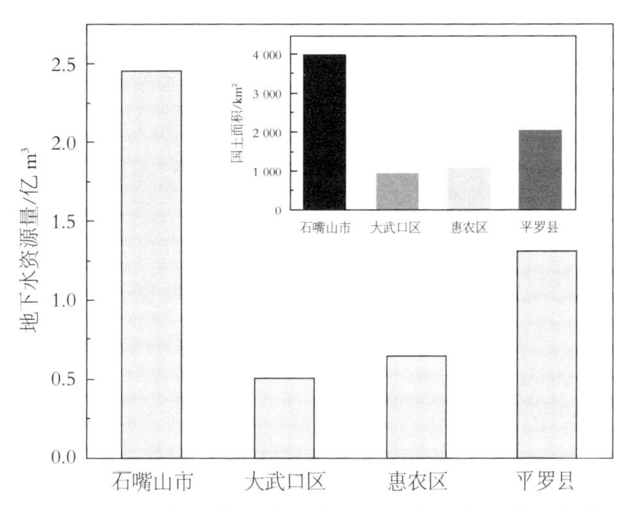

图 2-6-15 2020 年石嘴山市及各县区国土面积及地下水资源量

积 254 km²；惠农区小型孔隙地下水超采区，面积 26 km²；惠农区中型孔隙地下水超采区，面积 144 km²；平罗县小型孔隙承压水地下水超采区，面积 23 km²。2020 年石嘴山市地下水超采区实际开采量 5 663 万 m³，较上年多采 158 万 m³，小于可开采量 358 万 m³，超采区地下水位较 2019 年显著回升 1.98 m，但 2020 年受降水偏枯影响，地下水位比 2019 年下降 0.26 m。

（四）水资源总量

2020 年石嘴山市水资源总量略低于多年平均，但较 2019 年呈现增加态势。2020 年石嘴山市水资源总量为 1.302 亿 m³，平均产水模数为 3.22 万 m³/km²。其中惠农区水资源总量为 0.459 亿 m³，占石嘴山市水资源总量的 35.3%，产水模数为 4.34 万 m³/km²，平罗县水资源总量为 0.526 亿 m³，占石嘴山市水资源总量的 40.4%，产水模数为 2.57 万 m³/km²，是石嘴山市的主要水源区。大武口区仅占到全市水资源总量的 24.3%，产水模数为 3.39 万m³/km²（图 2-6-16 和表 2-6-2），缺水相对严重，全市人均水资源量为 221.28 m³，是全国人均水资源量（2 062 m³）的 10.73%。

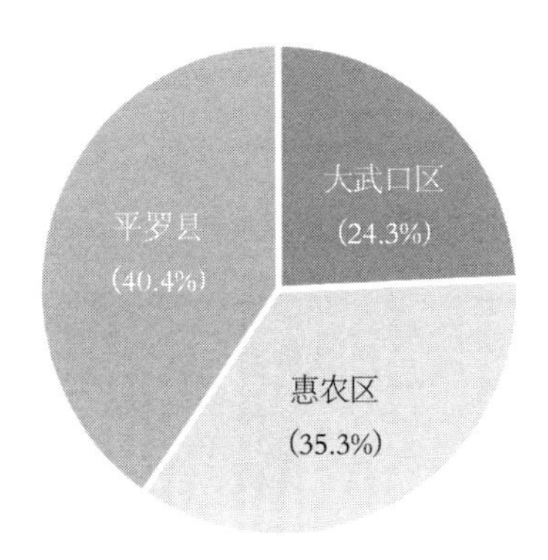

图 2-6-16 2020 年石嘴山市各县区水资源总量

三、石嘴山市水资源利用状况

石嘴山市供水量主要来自地表水源、地下水源和其他水源（包括再生水厂、集雨工程及矿坑水利用量）。2020 年石嘴山市总供水量为 12.761 亿 m³，

表 2-6-2　2020 年石嘴山市各县区水资源量

地区	计算面积/km²	人口数/人	水资源总量/亿 m³	产水模数/(万 m³·km⁻²)	人均水资源/(m³·人⁻¹)
石嘴山市	4 042	514 705	1.302	3.22	221.28
大武口区	935	307 278	0.317	3.39	103.16
惠农区	1 058	207 427	0.459	4.34	180.63
平罗县	2 049	291 208	0.526	2.57	252.96

其中 99.6%来源于地表水源（黄河水），地下水源供水量为 1.564 亿 m³。大武口区总供水量最少，为 1.210 亿 m³，其中地表水源供水量为 0.746 亿 m³，其中 97.9%来源于黄河水，地下水源供水量为 0.446 亿 m³；惠农区总供水量为 3.145 亿m³，其中地表水源供水量为 2.545 亿 m³，全部来源于黄河水，地下水源供水量为 0.598 亿 m³；平罗县总供水量最多，为 8.406 亿 m³，其中地表水源供水量为 7.875 亿 m³，其中 99.6%来源于黄河水，地下水源供水量为0.520 亿 m³。

（一）农业水资源利用情况及存在问题分析

石嘴山市农业取水包括畜禽用水、鱼塘补水和农业补水。2020 年石嘴山市农业取水量总计 10.723 亿 m³，其中冬灌补水占 21.6%。大武口区农业取水量最少，为 0.565 亿 m³，其中冬灌补水 0.112 亿 m³，畜禽用水 0.010 亿 m³，地下水 0.044 亿 m³；惠农区农业取水量次之为 2.566 亿 m³，其中冬灌补水 0.701 亿 m³，畜禽用水 0.024 亿 m³，地下水 0.403 亿 m³；平罗县农业取水量最多，为 7.592 亿 m³，其中冬灌补水 1.500 亿 m³，畜禽用水 0.019 亿 m³，地下水 0.267 亿 m³。农业总耗水量为 5.217 亿 m³，其中畜禽耗水 0.053 亿 m³，地下水 0.582 亿 m³。大武口区耗水量为 0.226 亿 m³，其中畜禽耗水 0.010 亿 m³，地下水 0.037 亿 m³；惠农区耗水量为 1.089 亿 m³，其中畜禽耗水 0.024 亿 m³，地下水 0.328 亿 m³；平罗县耗水量为 3.902 亿 m³，其中畜禽耗水 0.019 亿 m³，地下水 0.217 亿 m³（图 2-6-17）。

2020 年石嘴山市万元 GDP 取水量为 236 m³，农业灌溉亩均取水量为

634 m³，灌溉水有效利用系数 0.526。万元 GDP 耗水量为 125 m³；农业灌溉亩均耗水量为 307 m³。

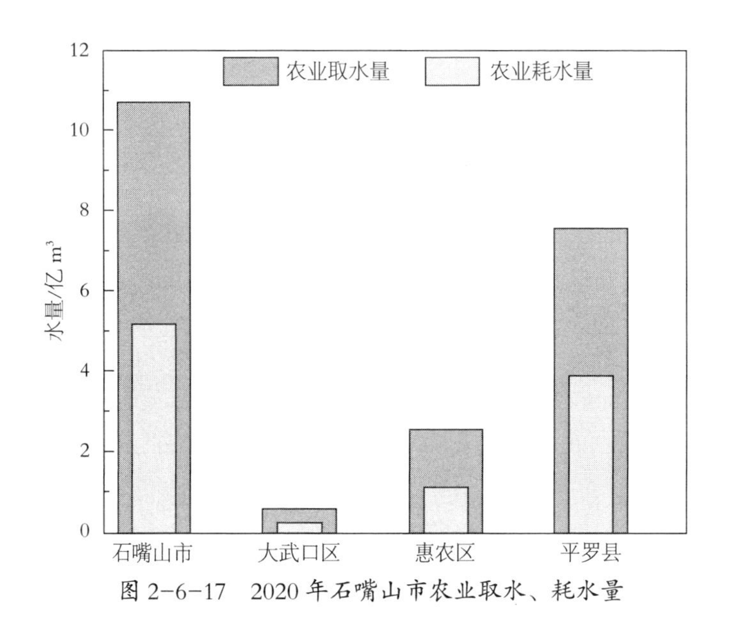

图 2-6-17　2020 年石嘴山市农业取水、耗水量

2020 年石嘴山市农业总产值为743 713 万元，主要由农业和牧业产值构成，其中农业占比最高，为 63.82%，林业占比最低，仅为 0.49%。平罗县农业产值最高为 380 511 万元，占全市比例最高，为 69.25%，其产值由高到低依次为农业>牧业>渔业>林业，其产值分别为 380 511 万元、116 272 万元、37 030 万元、1 990 万元，是全市农业产值的主要贡献县。惠农区次之，产值由高到低依次为农业>牧业>渔业>林业，其产值分别为 82 551 万元、66 092 万元、5 743 万元、806 万元。大武口区产值为 34 804 万元，占全市比例最低为 4.68%，其产值由高到低依次为渔业>农业>牧业>林业，其产值分别为 13 603 万元、11 605 万元、3 992 万元、895 万元（图 2-6-18）。农、林、牧、渔业总产值指数均大于 100，其中大武口区最高为 103.4。

石嘴山市农业用水主要存在以下问题。第一，地表水污染加剧了水资源紧张。大量工业及城镇（主要是惠农区和平罗县）废水、污水排入黄河，加上化肥、农药的大量使用，水体污染较重，导致水质下降。大武口区、惠农

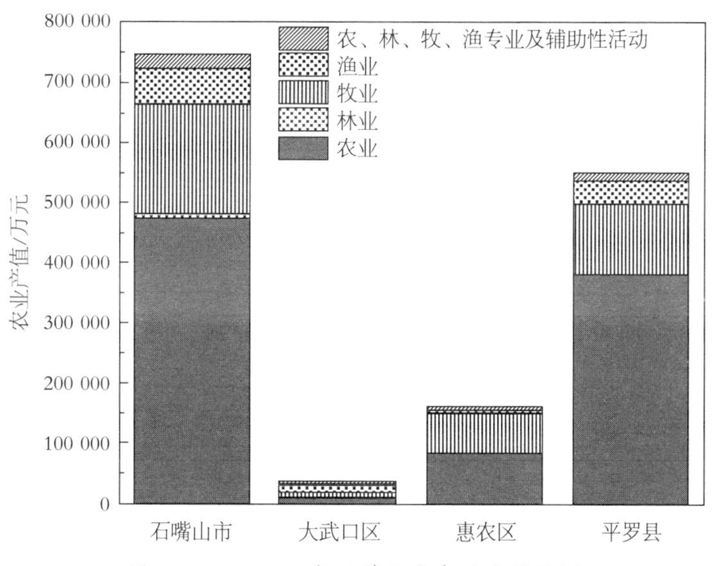

图2-6-18 2020 年石嘴山市农业产值比例

区和平罗县引黄灌区各主要沟道水质差，长期灌溉后，土壤出现板结硬化，土地肥力降低，肥料吸收率下降，作物生长受到抑制，有害物质随灌溉和降雨径流，进入地表河流或渗入地下，严重威胁农业环境，致使水资源效力下降，消耗量增加，供需矛盾加剧。第二，农业用水模式落后，水资源浪费严重。石嘴山市农业用水中绝大部分采取大水漫灌、大引大排的粗放型灌溉方式，田块漫灌水时间长，导致田间渗漏量大，特别是惠农区和平罗县水稻等水浇地毛灌溉定额大大超过作物实际需水量，在用水上不加节约，浪费现象十分严重。第三，农业用水管理体制需要更进一步优化。农区用水管理较为粗放，没有建立合理的用水价格标准体系，农田灌溉（尤其冬灌）大部分地区一直沿用淌“大锅水”的灌溉方式，水资源利用率低。

（二）工业水资源利用情况及存在问题分析

2020 年石嘴山市工业取水量为 0.749 亿 m^3，其中取地下水 0.287 亿 m^3，占工业总取水量的 38.32%。大武口区取水量为 0.133 亿 m^3，平罗县取水量为 0.198 亿 m^3，惠农区取水量为 0.418 亿 m^3，占全市比例最高，为 55.81%，其地下水量为0.034 亿 m^3，相比大武口区和平罗县相对较少。石嘴山市工业耗水量为 0.553 亿 m³，其中地下水量为 0.14 亿 m³。惠农区耗水量为0.364 亿 m³，占全市比例最高，为 65.82%，大武口区耗水量为 0.064 亿 m³，平罗县耗水量为0.125 亿 m³（图 2-6-19）。

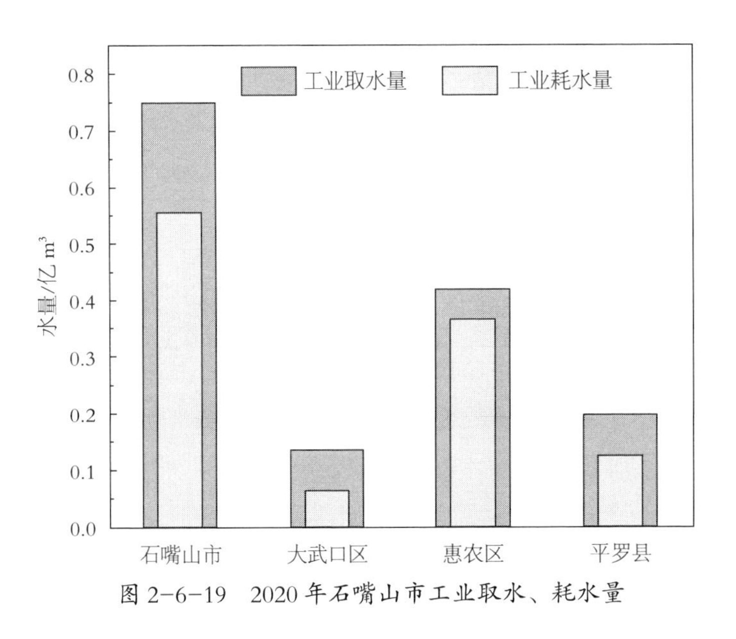

图 2-6-19　2020 年石嘴山市工业取水、耗水量

2020 年石嘴山市实收资本的 51.39%来自法人资本，大武口区国家资本和法人资本在实收资本中占比最高，惠农区和平罗县集体资本占比最低，分别仅为 0.015%和 0.103%。全市工业产成品产值为 1 006 703 万元，其中大武口区、惠农区和平罗县工业产值分别为 297 322 万元、249 125 万元和 460 257 万元。全市工业利润总额为 100 892 万元，其中大武口最高，为 67 249 万元，其次为惠农区 22 100 万元，平罗县最低，为 11 543 万元。工业增加值增长速度较前一年提高了 8.8%，其中惠农区增速最高，为 17.8%，平罗县最低，为 1.6%，大武口区为8.0%。

石嘴山市工业用水主要存在以下问题。第一，工业用水管理制度不健全，供需结构矛盾突出。地表水和地下水由于取水方法简单，价格成本相对较低成为工业企业取水的主要渠道。部分规模以上工业企业存在取用地下水没有计量设备的现象，对其只能采用水务部门的定额管理来确定取水量，由于其缺少用水、节水方面的台账和资料，存在管理盲区，监管难度较大。大武口区工业重型化特征明显，随着工业化进程的加快，工业用水供需结构和空间不均衡的矛盾也日益凸显，部分企业在生产规模扩大的同时，也增加了地下水的开采量，造成区域性水资源配置不合理，这也是西北地区工业用水普遍存在的问题。实行全市水资源开发利用、用水效率、水功能区限制纳污“三条红线”指标控制，是加快全市转变经济发展方式的战略举措。各级政府和有关部门应紧紧抓住宏观调控、结构调整总规划，在制定和落实工业发展规划时充分考虑水资源的承受能力，科学调整工业结构和用水结构，落实区域用水总量控制指标，新增取水许可要满足取用水量、节水和污水处理要求。鼓励企业投资节水高效项目，限制高耗能、高耗水、高污染行业的发展。加强重点用水企业水平衡测试工作，建立覆盖各行业的用水统计、审计等制度。制定操作性强的考核办法，坚决执行最严格的水资源管理考核制度，促进宁夏全区水资源可持续利用。第二，非常规水资源利用程度低。目前，石嘴山市非常规水资源的利用主要集中在电力、热力生产和供应业、煤炭开采和洗选业、非金属矿物制品业、化学原料和化学制品制造业等行业。平罗县规模以上工业企业中，再生水、矿井水等利用总量有限，且涉及行业少的问题，非常规水资源的利用程度也较低。应进一步制定相应的政府投资补助标准，从水价、财政等方面制定优惠政策，鼓励企业使用非常规水资源，积极推动非常规水资源的基础和应用研究、技术研发、技术设备集成和工程示范项目，提高非常规水资源的利用效率和效益。第三，重复用水普及面不广。2020 年石嘴山市 313 家规模以上企业重复用水企业数量少，且主要集中在平罗县（规模以上企业 161 家），可见全市重复用水覆盖面窄。实施工业用水的循环利用可以带来经济、社会、环境等多重效益，也是缓解水资源供需矛盾的主要途径。按照循环经济“减量化、再利用、资源化”的总原则，应引导、扶持工业企业技术改造，鼓励各工业园区、经济技术开发区采取统一供水、废水集中治理模式。大武口区部分工业园区应采用污（废）水集中处理、中水回用、余热发电等工业企业用水循环利用模式，这对减少宁夏全区工业用水、提高工业用水效率有很好的借鉴意义。

（三）生活水资源利用情况及存在问题分析

2020 年石嘴山市生活取水量为 0.419 亿 m³，其中地下水 0.385 亿 m³，占生活总取水量的 91.89%。大武口区生活取水全部来自地下水，取水量为 0.188 亿m³，惠农区生活取水也全部来自地下水，取水量为 0.099 亿 m³，平罗县取水量为 0.132 亿 m³，其中有 74.24%的来自地下水。大武口区生活取水量最高，平罗县次之，惠农区生活取水最少。生活耗水量 0.151 亿 m³，其中地下水 0.141 亿 m³，占比93.38%。惠农区耗水 0.032 亿 m³，大武口区耗水 0.047 亿 m³，这两个区耗水均来自地下水。平罗县耗水 0.072 亿 m³，其中 86.11%来自地下水（图 2-6-20）。

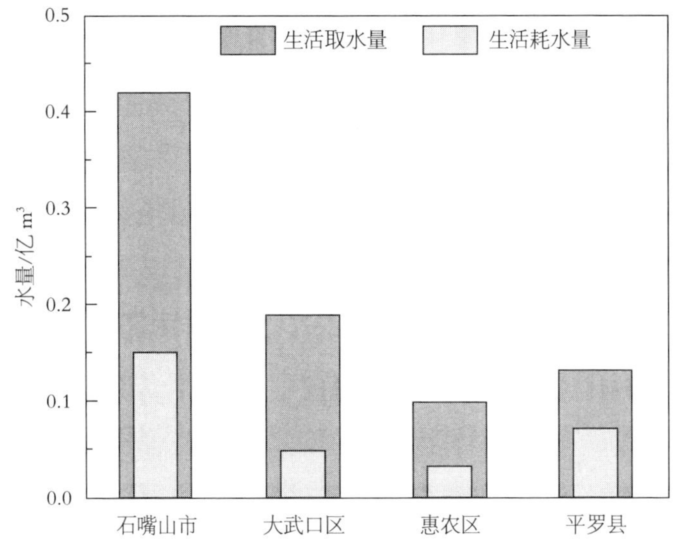

图 2-6-20　2020 年石嘴山市生活取水、耗水量

石嘴山市生活用水主要存在以下问题。第一，供水管道漏水。住房和城乡建设部公布的统计年鉴显示，2020 年全国城市、县城公共供水管网漏损水量近百亿 t，输配水管网漏失率高达 20%~30%，甚至更多。第二，城市居民生活用水浪费严重。在城市居民生活用水方面，存在节约用水意识淡薄的问题。有的居民认为只要交了水费“爱用多少水就用多少水”，对浪费行为不以为意。第

三，地下水违规采用。在城市周边有农用耕地，但由于地表水灌溉成本远高于抽取地下水等原因影响，有居民自行打井，直接抽取地下水进行灌溉，用水粗放造成严重浪费的同时，导致地下水资源被过度开发利用，出现地下水开采“漏斗区”，影响地区生态环境和居民生产、生活。第四，优质水源低用。在城市生活用水中存在优质水源低用、水体等级与应用环境不匹配的问题。例如，对水质要求不高的冲洗、绿化、灌溉等环节，使用与生活饮用水一样水质的清洁原水，造成水资源浪费。同时，对再生水、中水、雨水等非常规水源回收利用程度较低。第五，节水措施普及率低。石嘴山市城市建设中，由于建设年代久远，大多数输水管道、水龙头等没有节水装置，居民生活用水中 1/3 以上为卫生间设施用水，采用普通阀门、普通设施，所用水量是一般节水型设施的 3~4 倍。

（四）生态用水情况及存在问题分析

石嘴山市生态用水包括城乡环境、湖泊补水和地下水，一县两区湖泊补水占比最高。2020 年石嘴山市生态用水量为 0.87 亿 m^3，其中湖泊补水占 78.28%。平罗县生态用水量为 0.484 亿 m^3，湖泊补水占比高达 94.01%。大武口区生态用水量为 0.324 亿 m^3，全市中惠农区生态用水量最少，为 0.062 亿 m^3。石嘴山市生态耗水量为 0.87 亿 m^3，其中平罗县和大武口区占比较高，分别占 55.63%和 37.24%。惠农区生态耗水（为地下水）量为 0.062 亿 m^3（图 2-6-21）。

石嘴山市生态用水主要存在以下问题。第一，废、污水回收利用率低。随着石嘴山市的城市生态景观建设的日益扩大，应提高生态环境用水中对工业废水、城市生活污水的回收利用。第二，生态环境用水构成不合理，对地表水和过境黄河水利用不充分。由于水利工程以及管网的限制，中水利用率较低，自然降水转化利用率低，地下水资源开发过度。对于石嘴山地区来说必须控制地下水的开采，优化地下水的利用方式，着力减少生态景观对地下水的利用。第三，灌溉方法落后，管理薄弱，导致用水浪费。以往建成的城市绿化工程较少考虑与园林植物相配套的灌溉系统。很多灌溉仍然采用地面漫灌、人工洒水或水车浇灌的方式，既容易引起土壤板结、导致土壤通气性和

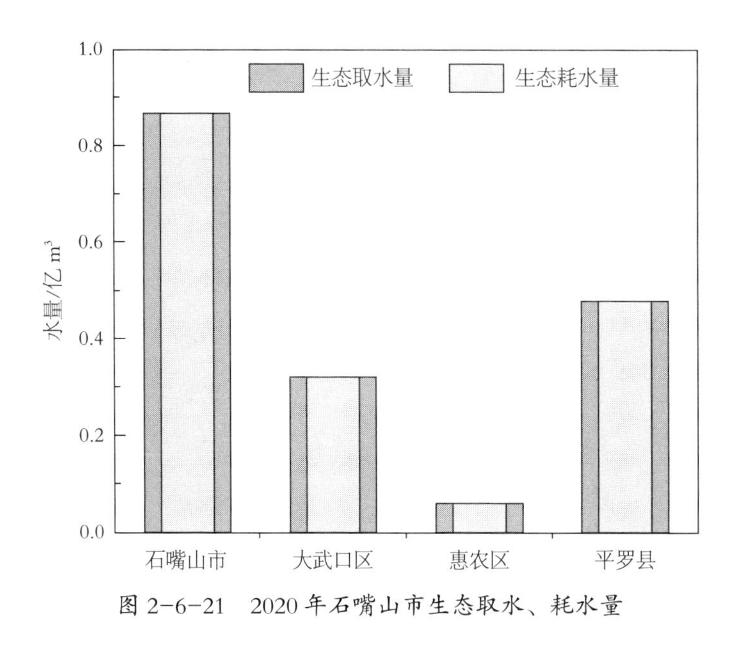

图 2-6-21　2020 年石嘴山市生态取水、耗水量

透水性下降，又导致大量的水资源浪费。另外草坪、苗木等又常因浇水不及时、不均匀、灌水不足或过量灌水而发生植物枯死或者淹死的现象，既影响了绿化、美化效果又造成了淡水资源的浪费。第四，不合理的园林植物配置使灌溉用水增加。近年来过分推崇的草坪，在园林中应用十分广泛。“草坪热”使全市绿地中草坪的比重上升，乔、灌木的比重下降。表面上看绿化面积扩大，实际上并不能达到应有的降温、增湿及改善小气候的生态作用。第五，缺乏专业的园林灌溉、施工人才。当前全市专业的园林灌溉规划设计、施工队伍还很少，缺乏严格的规划设计且施工不规范，不仅导致设备使用寿命短而且也达不到园林灌溉的标准，同时影响了园林绿地的整体景观效果。主要表现在：① 绿地灌溉采用微灌技术时对过滤系统重视不够导致喷头堵塞甚至灌溉系统瘫痪；② 对绿化工程现场勘察勘查不够、灌溉系统应用中出现过喷、漏喷现象；③ 管材、管件类型选用、配置不当不但增加了工程费用更增加了施工难度；④ 有关灌溉技术参数如灌水均匀度、喷灌强度等达不到国家规范要求。

（五）农业结构组成

2020 年石嘴山市农作物总播种面积为 102 740 hm²，主要种植农作物是玉米。全市无薯类种植，粮食播种面积为 70 754 hm²，其他类经济作物播种面积为31 986 hm²。粮食作物由水稻、小麦、玉米和豆类组成，分别占农作物总播种面积的 17.28%、12.30%、37.50%和 1.80%。大武口区农作物种植面积最小为3 680 hm²，仅占全市的 3.6%，其中粮食播种面积占比高达 66.58%，种植面积由大到小依次为玉米（1 290 hm²）>小麦（799 hm²）>水稻（361 hm²）。其他类经济作物种植面积为 31 986 hm²，蔬菜占比最高，为 37.54%，其次为药材（19.17%）、油料（15.66%）、青饲料（15.16%），瓜果类占比最低，仅为3.67%；惠农区农作物种植面积占全市 22.16%，其中粮食种植面积为 13 588 hm²，种植面积由大到小依次为玉米（9 573 hm²）>小麦（3 320 hm²）>水稻（587 hm²）>豆类（108 hm²）。其他类经济作物种植面积为 9 184 hm²，青饲料占比最高为35.53%。其次为蔬菜（31.14%）、油料（14.90%）、药材（5.43%），瓜果类占比最低仅为 0.48%；平罗县农作物种植面积最大，为 76 288 hm²，占全市的74.25%，其中县内粮食播种面积占比高达 71.72%，种植面积由大到小依次为玉米（27 663 hm²）>水稻（16 803 hm²）>小麦（8 517 hm²）>豆类（1 733 hm²）。其他类经济作物种植面积为 21 572 hm²，蔬菜占比最高（39.84%），其次为药材（25.59%）、油料（16.87%），瓜果类和青饲料占比最低，约为 5%（图 2-6-22）。

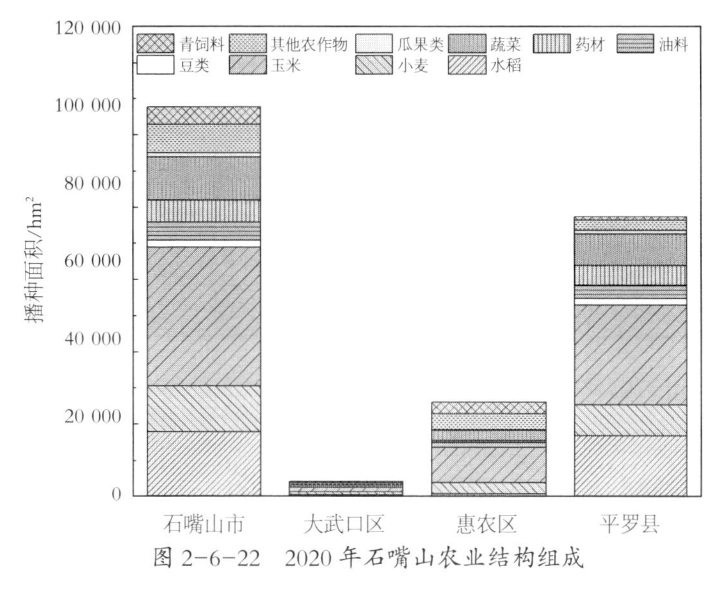

图 2-6-22　2020 年石嘴山农业结构组成

四、石嘴山市节水潜力及节水路径

（一）农业节水潜力和主要节水路径

2020 年石嘴山市农业取水量总计 10.723 亿 m^3，占全市总取水量的 84.03%。平罗县取水最多，占比为 59.49%，惠农区次之，为 20.11%，大武口占比最低，为 4.43%。石嘴山市农业取水包括畜禽用水、鱼塘补水和农业灌溉，平罗县和惠农区以农业和牧业为主，大武口区以渔业和农业占比最高，全市主要种植的玉米占农作物总种植面积的 37.50%。大武口和平罗县粮食播种面积和其他类经济作物播种面积中玉米和蔬菜占比最高，平罗县水稻种植面积约为小麦种植面积的 2 倍，种植面积 16 803 hm^2，惠农区玉米和青饲料占比最高，其次为蔬菜。春小麦全生育期耗水量为 498.10 mm，单种玉米全生育期耗水量为 445.8 mm，水稻全生育期耗水量为 557.20 mm，全市粮食作物和其他经济类作物单产见表 2-6-3。全市畜产品产量方面，大武口区猪肉占比最高，惠农区和平罗县以牛羊肉为主，其中惠农区羊肉占比最高。惠农区牛奶产量最高为 11.15 万 t/年，平罗县禽蛋产量最高为 0.35 万 t/年。综上，石嘴山市农业节水应重点关注种植业、牧业和渔业 3 个方面，本部分重点关注石嘴山市种植业节水潜力和节水路径。

表 2-6-3　石嘴山市主要粮食作物和其他类经济作物单产

单位：t/hm^2

地区	水稻	小麦	玉米	豆类	油料	药材	蔬菜	瓜果
大武口区	6.37	4.88	7.83	—	2.67	1.08	31.04	33.74
惠农区	6.64	5.57	8.34	0.93	3.38	1.51	51.86	49.34
平罗县	7.08	5.10	8.14	0.92	3.89	8.44	52.07	54.32

石嘴山市种植业节水潜力主要体现在以下两个方面。首先是种植业结构调整，针对灌区种植业不合理的用水结构，压减高耗水作物种植面积，发展能充分利用夏秋季自然降水和光热资源的麦后复种（牧草、蔬菜）、单季玉米等种植方式，扩大林草面积并全面推广应用农艺节水技术。其次是减少渠系

渗漏，改进地面灌溉技术，压减灌溉定额，提高水的利用率。

石嘴山市种植业节水路径有以下几条。第一，调整种植业结构节水，适当压减平罗县水稻种植面积，扩种抗旱、省水作物。水稻是平罗县第一大耗水作物，据宁夏灌区统计压减一亩水稻可保灌 2~3 亩旱作物，因此适当压减水稻面积是减少农业用水的重要举措。把压减下来的土地主要用于扩大种植耐旱、省水的经济作物如向日葵、玉米和地膜马铃薯，其节水效益不低于水稻，单季玉米产量比水稻还略高（表 2–6–2），粮食总产还有提高。单季小麦虽然耗水较多但麦收后空闲季节可复种饲草或蔬菜等需水较少、可有效利用夏秋季自然降水的作物。虽然单季水稻也可利用插秧前季节种植一茬饲草类作物但毕竟耗水量太大，在水资源供应不足的情况下适当压缩面积是必要的。第二，压减小麦套种玉米种植面积，扩大单种玉米种植面积。就目前来讲，全市小麦套种玉米的亩产一般都达到 850~900 kg，表现出高产优势。但从科学、合理利用水资源和水经济的角度，就耗水量分析，小麦套种玉米虽没有水稻耗水量高，但比单种玉米多耗水 47%，且不如单种玉米抗旱能力强。调查显示，宁夏全区小麦套种玉米普遍因后期受旱而减产，而单种玉米在只灌 1 水的情况下产量基本不减。据宁夏农林科学院红寺堡基点试验资料：灌 1 水的玉米亩产 802 kg，只比灌 2 水的低 40 kg，减幅小于 5%。同时单种玉米既抗旱省水，又可削减农业用水高峰的压力，是农牧结合、转化增效，发展高效农业的重要支撑。第三，稳定粮食种植面积，扩大饲草种植面积。为了适应节水农业和发展畜牧业，惠农区和平罗县引黄灌区可以提高以苜蓿为主的饲料种植面积，进一步构建优质小麦、水稻和专用玉米生产基地，适当扩大经济类作物，调整粮、经、饲三元结构更趋合理化。第四，稳定种植业，扩大林果业。结合生态建设，扩大石嘴山市林果种植面积，尤其推广种植抗旱能力较强的枣树等，这样就可以把节水、增效、生态有机结合起来，充分体现省水节水、节本增效、生态安全的综合性。

（二）工业节水的潜力和路径

从工业用水量和工业产成品量来看，2020 年石嘴山市工业用水节水至少应考虑以下两个方面：一是产业结构的调整，即放缓高耗水产业部门的同时增加低耗水产业，产生替代效应，二是提升工业领域各产业部门的水效，主要通过加强节水管理、实施节水技术改造、推广应用节水技术工艺、推动废水循环利用、加大非常规水资源利用规模等途径实现。

石嘴山市工业节水路径有以下几条。

第一，建立价格促进节水措施推广机制。石嘴山市以往的节水成效主要通过多种节水措施实现，但是下一步需要合理的水价来推动，探索执行能够充分体现水资源稀缺程度的水价，实现水价对高耗水企业的成本约束。在水资源供应逐渐受限的时候，随着水资源供应的紧缺，水价应逐渐提升。如果水资源价格足够高，将通过水价实现外部成本内部化，企业为了能生存，会出现几种选择：一是在缺水地区继续生产原产品，但是需要采取大量先进适用的节水技术对工艺进行改造，大幅提高水资源利用效率，减少对用水的需求；二是留在缺水地区，但是需要推动企业转型升级，延伸产业链，开发高附加值的低耗水产品；三是原本这个地区有别的自然资源吸引企业在这里生产，资源禀赋能够弥补用水费用，但是当水资源成本不能忽视时，企业会考虑产能搬迁，从而促进产业适水发展。

第二，加强城市污水处理回用，实现水污染控制治理：一是要积极组织开展城市污水处理回用规划编制工作，科学合理利用好水资源，并纳入水资源的统一管理和调配；二是要进一步加大污水处理厂和中水厂的建设力度，增加配套污水管网建设投入，鼓励吸引社会投资参与城市污水处理回用设施建设，新建城市污水处理厂必须同时建设中水回用设施，已经建成的城市污水集中处理工程无中水回用设施的，要尽快制定回用规划和计划，进一步加快城市中水回用设施建设，提高中水回用率；三是探索建立特许经营制度和财政补贴机制，建立合理的再生水定价机制，保持再生水价格与自来水价格合理的价差结构，突出再生水价格优势，提高再生水企业生产再生水、用户使用再生水的积极性；四是要尽快出台《城市污水处理回用条例》《中水价格管理办法》等相关政策法规，逐步将城市污水处理回用工作纳入法治化轨道。特别是新建、扩建企业时，对水质要求不高的工业企业要强制利用中水，已批复取水许可水源为中水的企业，必须使用中水。

第三，加大政策与法规的执行力度。工业废水再生回用在石嘴山市的规模还比较小，需要在政策上给予一定的支持。一是可利用价格、投资等经济杠杆，鼓励工业企业进行废水回用。二是可对部分用水户，特别是工业企业用水大户，用行政措施促使其用回用水来替代自来水或者自备水源；三是研究制定节水政策。研究制定引导水资源节约与替代的经济政策，如高效节水设备和器具、废水资源化的税收优惠政策等；根据《中华人民共和国水法》规定，组织制定落后的、耗水量高的工艺、设备、器具淘汰目录；在已发布的《当前国家鼓励发展的节水设备（产品）目录》的基础上，组织制定新的鼓励目录。

（三）生活用水节水潜力与路径

从生活用水来看，2020 年石嘴山市居民用水节水意识薄弱，“跑冒滴漏”现象普遍，一个关不紧的水龙头一个月就能流掉 1~6 L 水，一个漏水的马桶一个月要流掉 3~25 L 水。加强对石嘴山市居民水的管理和节水器具的广泛推广，可以减少水资源的浪费。石嘴山市尤其是人口较多的大武口区和平罗县，生活污水、卫生厕所粪便、畜禽粪便不加处理排入水体，使得可用的水资源减少，提高生活污水的净化技术，可以提高水资源的重复利用率。

石嘴山市生活水节水路径有以下几方面。一方面，生活水节水要积极推广使用节水型器具，节水型器具节水率可达 30%~40%。研制、开发和使用节水型新产品、新工艺、新设备，杜绝“跑冒滴漏”。生活防污方面可以在城、镇、村兴建小型污水处理设施，加快污水处理厂的建设，使得城市和乡镇水源地的水质达到饮用水水源水质标准。此外，积极采用城、镇、村供水管网的检漏和防渗技术，加快供水管网的改造，可以降低供水管网漏失率，提高生活用水效率，从而节约水资源。城市管网漏失率大约在 20%~30%，虽然低于全国平均水平，但距发达国家的 5%~6%还有相当的距离。通过加强管理和维护，投入资金进行必要的管网更新改造，使城市管网漏失率降低 5 个百分点是完全能做到的，如果将用水量较大的大武口区和平罗县的公共设施老式非节水器具进行改造，应至少可节水 6%。石嘴山市农村地区的自来水管网的生活用水供给率很高但是大部分没有自来水管网供水或没有实行计量收费，导致农村大部分地区生活用水的特点是取水的随意性，即用水水源的随意性和使用量的随意性。调查显示按户安装水表计量收费代替“用水包费制”，可节水 30%左右。另一方面，建立完善节水相关政策法规。不应把水看做是“取之不尽、用之不竭”的可再生资源，应认真贯彻《中华人民共和国水法》，完善生活节水法规体系和技术标准体系，采取有效措施加大执法力度，确保节水法规的各项规定落到实处。加强节水宣传，建立节水教育氛围，增强公众节水意识。各级水管单位应广泛通过电视、报纸、广播、网络等媒体进行水情教育和节水宣传教育，让人们认识水，了解缺水的状况，建立节约用水社会监督机制和网络，树立全社会个人、单位节水意识，形成全社会倡导节水、人人重视节水的良好风尚。

（四）生态用水节水路径

2020 年石嘴山市生态用水包括城乡环境、湖泊补水和地下水。绿化景观生态用水可供选择的水源为地表水、地下水和再生水，为缓解水生态压力，绿化景观灌溉应优先使用地表水，辅之以地下水，充分利用再生水，减少地下水的开采量，实现用水占补平衡。

石嘴山市生态节水途径有以下几条。第一，水资源相对短缺的大武口区，生态用水应充分考虑“非常规”的新水资源。在实现安全处理、安全使用的前提下，回用水、再生水等是常规水资源许多用途的可靠替代。主要表现在废水及污水回用，使其水质达到回用水标准，实现废水及污水循环再利用，延长水资源的使用寿命。另外，应加强雨水收集。雨水不但廉价，而且水质好，应当引起环保部门的重视。第二，统筹规划生态用水与农业用水时间。石嘴山市水资源以6—9 月汛期降水补给为主，水资源年度分布极为不均。为缓解生态用水与农业生产争水矛盾，平罗县生态灌溉应避开农业灌溉高峰期，统筹规划，合理配水，灌水时段选在每年的 3—5 月和 9—11 月为宜，特旱年景夏季灌水可配合机泵补水、生态调水等方式予以解决。第三，灌溉方式的选择。石嘴山市境内水资源蕴藏量小，水对其生产生活影响较大，计划用水管理较严，历史形成的传统农业水权致使生态用水指标不足。解决生态用水水量不足的问题，只能是节约用水。把节水放在优先位置，以水定需、以水定产，统筹推进水安全、水生态、水文化建设。加强重点用水监管，深入推进深度节水，使有限的水资源得以充分、合理、高效利用。就生态用水而言，推广高效节水灌溉模式，就显得尤为重要和紧迫。因为喷灌类似自然降水，可在多种地形条件下使用，除环境适应性强、保护土壤、降低水耗、调节气候、净化空气外，另外施工简单、管理方便、投资省、安装快的优点。选用喷灌可以人为控制水流，有效降低了水的深层渗透损失，减少了水资源的消耗。同时喷灌充分利用现有节水技术，采用自动化的运行控制系统，用于管理人员少，节省了大量的劳动力。第四，绿化树种和草种的选择。石嘴山市的生态绿化应选择抗寒、耐旱、抗风沙、耐盐碱、对严酷自然环境适应强的树种，白榆、蒙古扁桃、柽柳、白杨等树种需水量少，对土壤的要求不高，可作为风景树木选用。市境内大部分植被稀疏，土地裸露，需要进行生态修复，区域光热条件不足，植物生长量小，绿化草种宜选择高羊茅、黑麦草等耐寒、耐旱、抗风沙、耐盐碱品种。

第七章　银川市不同行业节水路径研究

一、银川市水资源时间动态

（一）银川市水资源时间动态

1. 水资源总量与时间关系

如图 2-7-1 所示，银川市水资源总量在 2000—2021 年呈波动式变化，平均水资源总量为 1.481 亿 m³。银川市水资源总量在 2012 年达到最高值，为 2.041 亿 m³， 在 2000 年达到最低值，为 0.605 亿 m³。整体来看，2000—2021 年银川市水资源总量变化幅度较大，尤其从 2018 年开始，水资源总量急剧下降，显著低于水资源总量平均值。

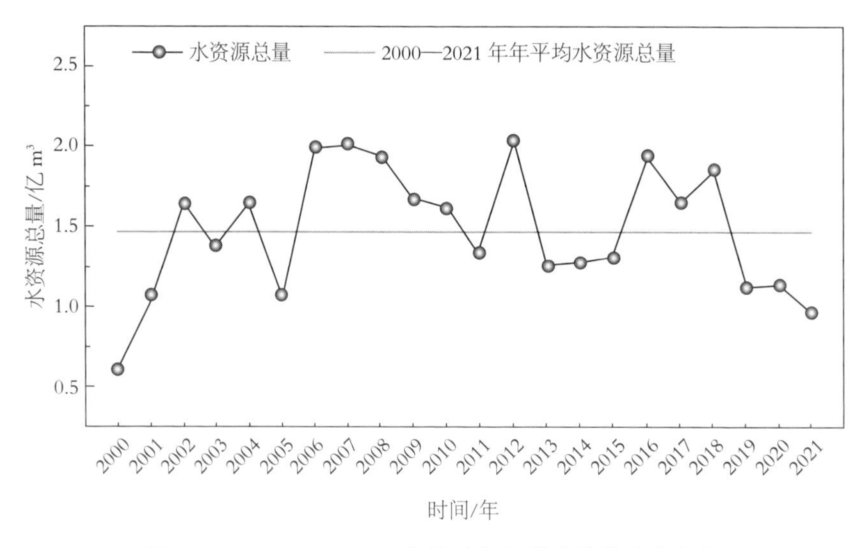

图 2-7-1　2000—2021 年银川市水资源总量动态变化

2. 降水量、地表水和地下水随时间变化的规律

如图 2-7-2 所示，综合 2000—2021 年数据来看，银川市地表水资源量明显低于地下水资源量。具体来看，地表水资源量在 2018 年达到最高值，为 1.346 亿 m^3，在 2000 年地表水资源量达到最低值，为 0.451 亿 m^3。就地下水资源量而言，在 2000—2021 年呈现出随时间先增大后减小的变化趋势，其中，2004 年地下水资源量最高，为 8.788 亿 m^3，2021 年地下水资源量最低，为 5.329 亿 m^3。

银川市 2000—2006 年的年降水量低，2006 年之后的年降水量增高。银川市2000 年的年降水量最低，为 6.023 亿 m^3，2012 年的年降水量最高，为 21.567 亿 m^3。总体上从 2006 年开始，银川市降水量随时间的变化较为稳定。

整体来看，地表水资源量和地下水资源量随时间的变化趋势主要和降水量随时间的变化相关，在 2000—2002 年，地表水资源量和地下水资源量随降水量的增大而增大，在 2002—2004 年，随降水量的变化先增大后减小，尤其是在2018—2021 年，地表水资源量随降水量变化的趋势比较明显，由于降水量的实时变化，导致地表水资源量和地下水资源量也表现出与降水量相同的趋势，但地下水资源量随降水量变化的幅度小于地表水资源量随降水量变化的幅度。

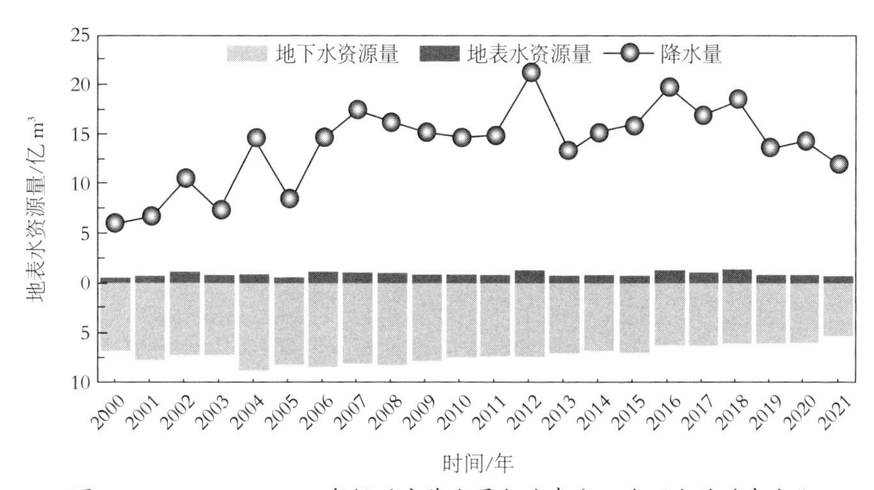

图 2-7-2　2000—2021 年银川市降水量与地表水、地下水的动态变化

（二）银川市分行业用水动态

1. 农业用水动态

如图 2-7-3 所示，银川市 2000—2021 年年平均农业用水量为 20.032 亿 m³。2000—2012 年的农业用水量除 2003 年之外均在平均值以上，2013—2021 年的农业用水量均在平均值以下。2005 年的农业用水量最高，为 24.866 亿 m³，2018 年的农业用水量最低，为 12.896 亿 m³。

银川市 2000—2021 年农业用水量中的地下水量占比很低，2021 年农业用水量中地下水量最高，为 0.989 亿 m³，2001 年农业用水量中地下水量最低，为 0.040 亿 m³。

图 2-7-3　2000—2021 年银川市农业用水时间动态变化

2. 工业用水动态

如图 2-7-4 所示，银川市 2000—2021 年年平均工业用水量为 1.099 亿 m³。2000 年以及 2009—2014 年的工业用水量在平均值以上，其余年份的工业用水量均在平均值以下。2013 年的工业用水量最高，为 2.307 亿 m³，2019 年的工业用水量最低，为 0.572 亿 m³。

银川市 2000—2021 年工业用水量中的地下水量占比很高，2000—2005 年的工业用水量全部来自地下水量，2005 年之后的工业用水量大部分来自地下水量。

2000 年的地下水量最高，为 1.142 亿 m³，2021 年的地下水量最低，为 0.237 亿 m³。

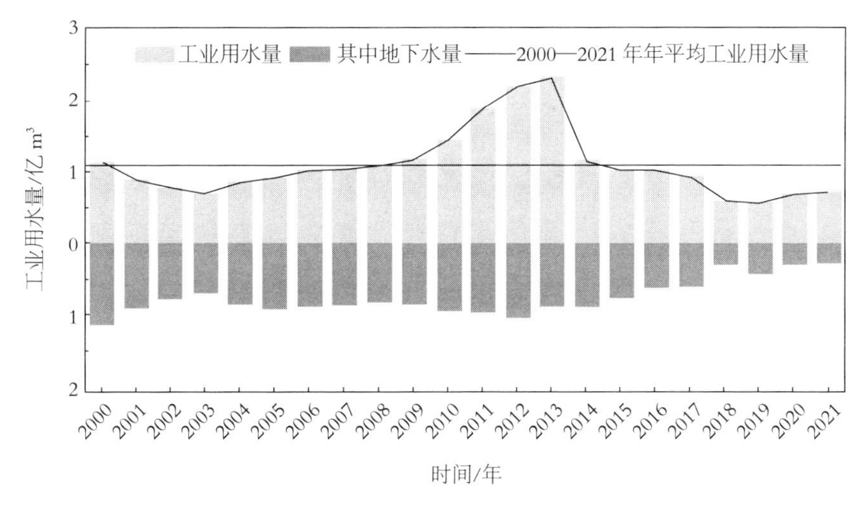

图 2-7-4　2000—2021 年银川市工业用水时间动态变化

3. 生活用水动态

如图 2-7-5 所示，银川市 2000—2021 年年平均生活用水量为 0.964 亿 m³。2014—2021 年的生活用水量在平均值以上，其余年份的生活用水量均在平均值以下。2021 年的生活用水量最高，为 1.785 亿 m³，2001 年的生活用水量最低，为 0.511 亿 m³。

银川市 2000—2021 年生活用水量中的地下水量占比很高，2001—2015 年的生活用水量全部来自地下水量，其余年份的生活用水量大部分来自地下水量。2019 年的地下水量最高，为 1.644 亿 m³，2001 年的地下水量最低，为 0.511 亿 m³。

4. 生态用水动态

如图 2-7-6 所示，由于 2006—2016 银川市生态用水数据缺失，我们只对 2000—2005 年和 2017—2021 年的数据进行分析，根据以上数据分析得知，这 11 年的平均生态用水量为 0.648 亿 m³。2017—2021 年的生态用水量在平均值以上，2000—2005 年的生态用水量在平均值以下。2021 年的生态用水量最高，为 1.793 亿 m³，2000 年的生态用水量最低，为 0.077 亿 m³。

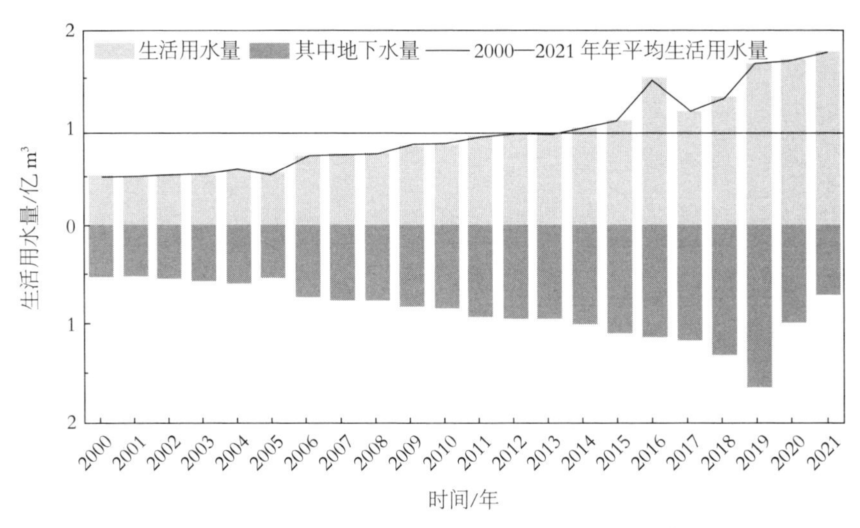

图 2-7-5　2000—2021 年银川市生活用水时间动态变化

银川市 2000—2005 年生态用水量中的地下水量占比很高，这 6 年的生态用水全部来自地下水，2020 年和 2021 年的生态用水量中的地下水占比很低。2005 年的地下水量最高，为 0.129 亿 m³，2020 年的地下水量最低，为 0.065 亿 m³。

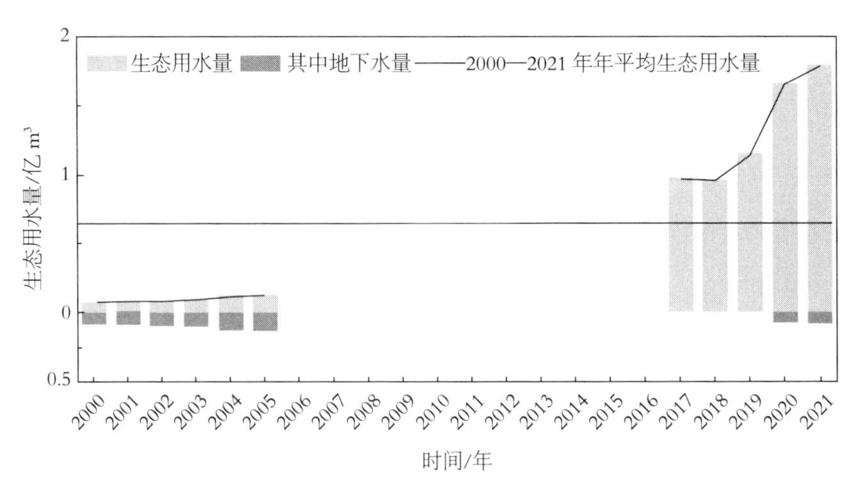

图 2-7-6　2000—2021 年银川市生态用水时间动态变化

注：2006—2016 年无统计数据。

5. 用水类型与地表水、地下水、降水量之间的相关关系

如图 2-7-7 所示，综合 2000—2021 年数据来看，银川市每年的农业用水

量在所有用水类型中占比最大。而工业用水量、生活用水量以及生态用水量相对比重较低，2000—2013 年的工业用水量高于生活用水量，而 2013—2021 年的工业用水量低于生活用水量。此外，我们发现银川市生态用水量在 2000—2017 年间占比很低，直到 2017 年后当地生态用水开始显著增多，这可能和近几年银川市生态建设政策密切相关。

经过综合分析可以得出，银川市年降水量和地下水资源量是四种用水类型用水量的主要来源，地表水资源量远低于年降水量和地下水资源量，这也反映出银川市面临水资源匮乏以及仅有较为单一的水源等问题。

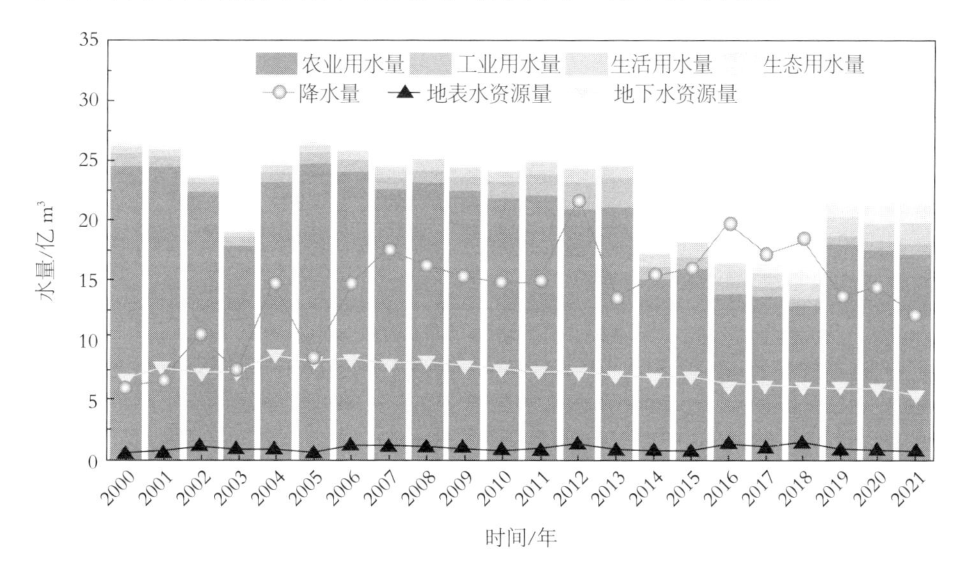

图 2-7-7　2000—2021 年银川市用水类型与地表水、地下水、降水量之间的动态变化

（三）银川市分行业水资源耗费

如表 2-7-1 所示，4 种用水类型中，2000—2020 年银川市农业用水量占比最高，约占全部用水的 80%~94%。其中，2001 年、2002 年、2004 年和 2005 年的占比最高，均为 94%。工业用水量、生活用水量和生态用水量的占比很低，工业用水量最高的占全部用水的 9%，生活用水量最高的占全部用水的 9%，生态用水量最高的占全部用水的 8%。综合 2000—2021 年的数据来看，银川市农业用水量的占比近几年在降低，另外 3 种用水类型的占比近几年呈

升高趋势。

4 种耗水类型中，2000—2020 年中银川市仅 2011 年农业耗水量占比偏低，为 9%，其余年份农业耗水量均为最高，约占 65%~96%。其中，2000 年、2001 年、2003 年、2004 年和 2005 年的占比最高。除 2011 年之外，2017 年的占比最低，为 65%。工业耗水量在大多数年份占比较低，但在 2011 年占比很高，占全部用水的 77%。生活耗水量和生态耗水量的占比很低，生活耗水量最高的占全部耗水的 14%，生态耗水量最高的占全部耗水的 16%。综合 2000—2020 年的数据来看，银川市农业耗水量的占比近几年在降低，生态耗水量的占比近几年呈升高趋势。

表 2-7-1　2000—2020 年银川市各行业用水、耗水量

单位：亿 m^3

年份	农业用水量	工业用水量	生活用水量	生态用水量	农业耗水量	工业耗水量	生活耗水量	生态耗水量
2000 年	24.566	1.142	0.514	0.077	10.822	0.284	0.103	0.077
2001 年	24.595	0.895	0.511	0.085	10.838	0.268	0.113	0.085
2002 年	22.338	0.776	0.534	0.088	9.158	0.233	0.117	0.088
2003 年	17.894	0.704	0.542	0.090	9.514	0.211	0.125	0.090
2004 年	23.336	0.857	0.593	0.120	11.318	0.257	0.148	0.120
2005 年	24.866	0.917	0.535	0.129	13.687	0.275	0.134	0.129
2006 年	24.055	1.014	0.727	—	12.519	0.400	0.281	—
2007 年	22.617	1.038	0.755	—	11.883	0.461	0.303	—
2008 年	23.186	1.089	0.748	—	12.185	0.538	0.301	—
2009 年	22.455	1.170	0.832	—	12.079	0.597	0.329	—
2010 年	21.836	1.444	0.848	—	10.832	0.821	0.338	—
2011 年	22.087	1.884	0.918	—	0.141	1.246	0.221	—
2012 年	21.006	2.189	0.935	—	8.344	1.481	0.361	—
2013 年	21.246	2.307	0.949	—	8.450	1.584	0.364	—
2014 年	15.142	1.153	1.009	—	6.314	0.559	0.379	—

续表

年份	农业用水量	工业用水量	生活用水量	生态用水量	农业耗水量	工业耗水量	生活耗水量	生态耗水量
2015年	16.073	1.029	1.083	—	7.023	0.504	0.404	—
2016年	13.893	1.026	1.515	—	5.690	0.607	0.337	—
2017年	13.634	0.934	1.186	0.976	6.890	2.306	0.364	0.985
2018年	12.896	0.606	1.321	0.959	5.099	0.377	0.407	0.959
2019年	18.117	0.572	1.668	1.150	7.198	0.286	0.505	1.150
2020年	17.569	0.693	1.699	1.657	8.175	0.441	0.648	1.657

注："—"表示该年份无数据。

（四）银川市农业用水、耗水与耕地面积关系分析

如图 2-7-8 所示，旱地、水浇地和水田 3 种耕地类型中，银川市旱地占地面积最大，水浇地占地面积次之，水田占地面积最低。综合 2000—2021 年数据来看，银川市 2013 年之后的农业用水量明显低于 2013 年之前。2005 年的农业用水量最高，为 24.866 亿 m^3。2018 年的农业用水量最低，为 12.896 亿 m^3。农业用水量中的地下水用量占比很少，约为 0.040 亿~0.989 亿 m^3，2021 年地下用水量最高，2001 年地下水用量最低。

银川市 2010 年之后的农业耗水量明显低于 2010 年之前。2005 年的农业耗水量最高，为 13.687 亿 m^3。2011 年的农业耗水量最低，为 0.141 亿 m^3。农业耗水量中的地下水用量很少，约为 0.023 亿~0.808 亿 m^3，2021 年地下耗水量最高，2001 年地下耗水量最低。

二、银川市水资源空间分布

（一）银川市降水时空分布

银川市行政分区包括银川市区、永宁县、贺兰县和灵武市。2020 年，银川市平均年降水量共计 208 mm（图 2-7-9），达到了 14.412 亿 m^3，约为宁夏全区的 8.8%，与多年（1956—2000 年）平均年降水量相比增加了10.4%，与

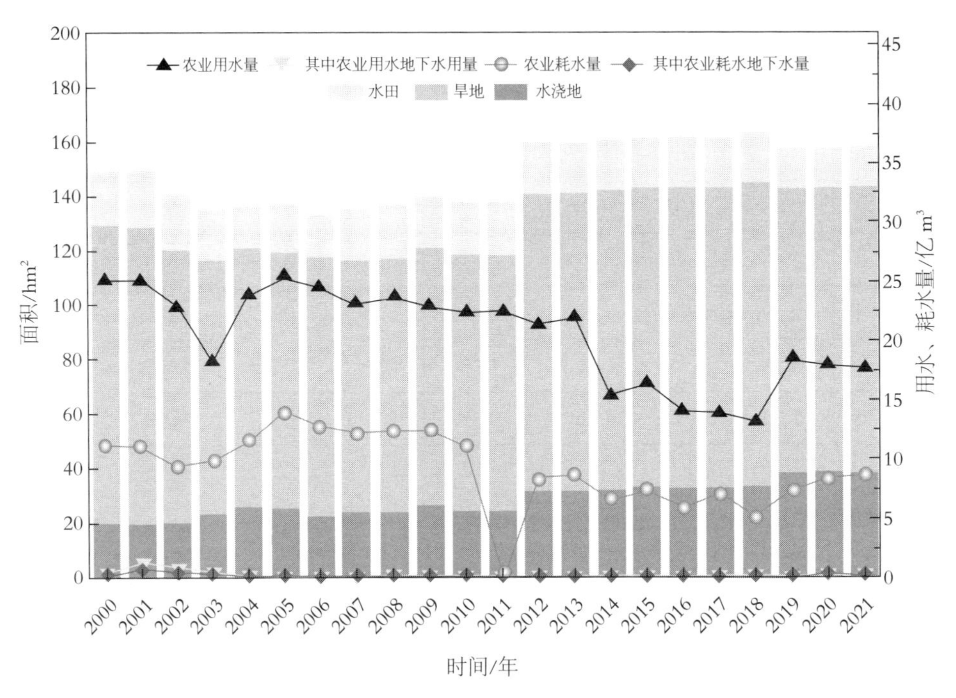

图 2-7-8　2000—2021 年银川市农业用水量和耗水量与耕地面积动态变化

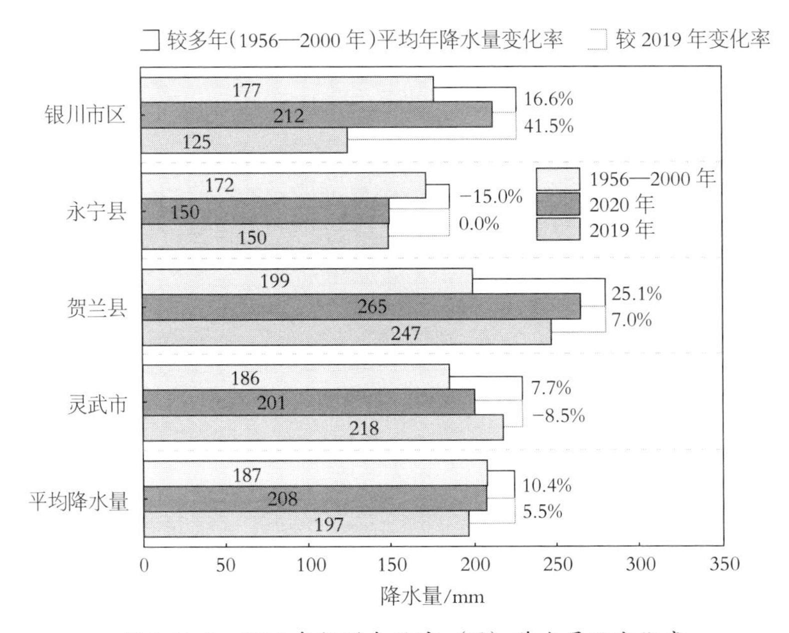

图 2-7-9　2020 年银川各县市（区）降水量及变化率

2019 年相比增加了 5.5%。银川市地处贺兰山东麓，属于中温带大陆性气候，70%降水主要集中在 7—9 月，各区域降水分布极不均匀。具体来说，2020 年各区域降水量由大到小依次为贺兰县、银川市区、灵武市和永宁县，其降水量分别为 265 mm、212 mm、201 mm 和 150 mm，其中，贺兰县降水量超永宁县降水量的 43%，贺兰县降水量占银川市的 32%。

（二）银川市地表水资源量

银川市年平均地表水资源量为 0.725 亿 m^3，比多年（1956—2000 年）年平均和 2019 年地表水资源量分别减少 18.2%和 4.4%（图 2-7-10），具体来说，银川市区、永宁县、贺兰县和灵武市地表水资源量分别为 0.244 亿 m^3、0.111 亿 m^3、0.244 亿 m^3 和 0.126 亿 m^3，银川市区和贺兰县的地表水资源量位居前二。然而，2020 年银川市的地表水资源量与多年年平均和 2019 年相比均呈下降趋势，与 1956—2000 年相比，银川市区地表水资源量下降幅度最大，达到了 22.9%，永宁县、贺兰县和灵武市下降幅度依次为 16.2%、15.2%和 16.1%，与 2019 年相比，除了永宁县地表水资源量增加 1.8%以外，银川市区、

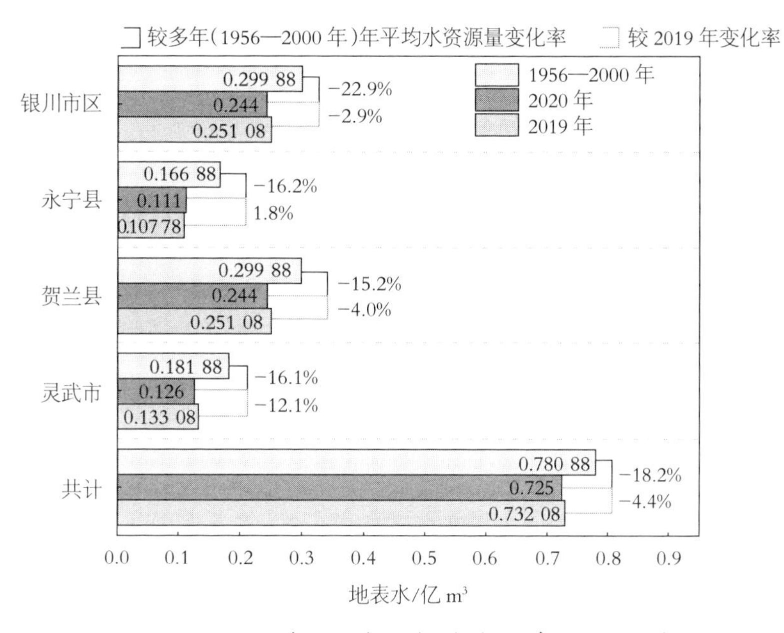

图 2-7-10　2020 年银川各县市（区）地表水及变化率

贺兰县和灵武市下降幅度依次为 2.9%、4.0%和 12.1%，其中，各区域计算面积从大到小依次为灵武市、银川市区、贺兰县和永宁县（图 2-7-11）。降水和河流是该地区地表水的主要水源，2020 年银川市降水量较 2019 年呈增加趋势；黄河流域涉及的引黄灌区与 2019 年相比增加了 11.4%，其利用方式主要以农业灌溉为主，引黄灌区年径流量达到了 1.512 亿m^3。

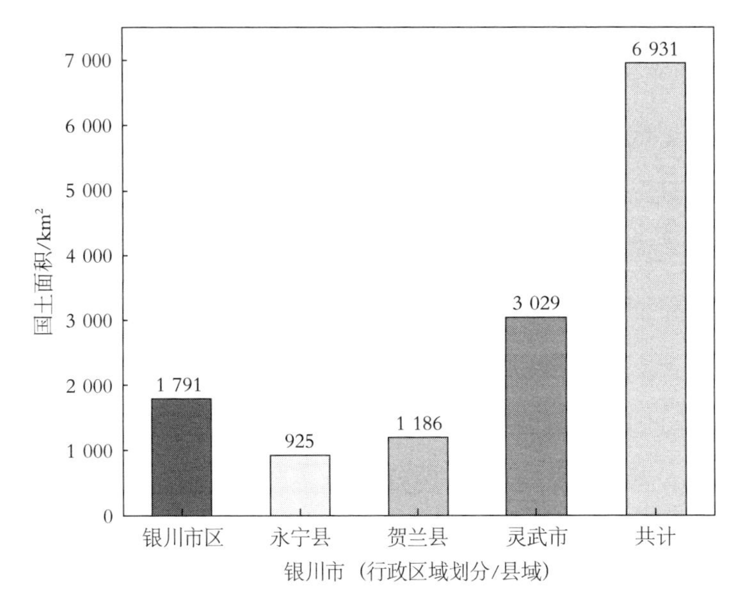

图 2-7-11　2020 年银川各县市（区）计算面积

（三）银川市地下水资源量

银川市地下水资源量达到了 5.906 亿 m^3，占宁夏全区总量的 33.2%，位列全区首位。银川市区、永宁县、贺兰县和灵武市水资源量依次为 1.868 亿 m^3、1.307 亿 m^3、1.66 亿 m^3 和 1.071 亿 m^3（图 2-7-12），其中，银川市区占比最大。银川市地下水资源集中在引黄灌区，主要来自黄河水的补给，引黄灌区地下水资源量约为 13.912 亿 m^3，引黄灌区中降水补给达到 0.544 亿 m^3，来自地表水体补给的达到 13.368 亿 m^3。

（四）银川市水资源总量

银川市水资源总量 1.137 亿 m^3，占宁夏全区水资源总量的 10.3%，总体水资

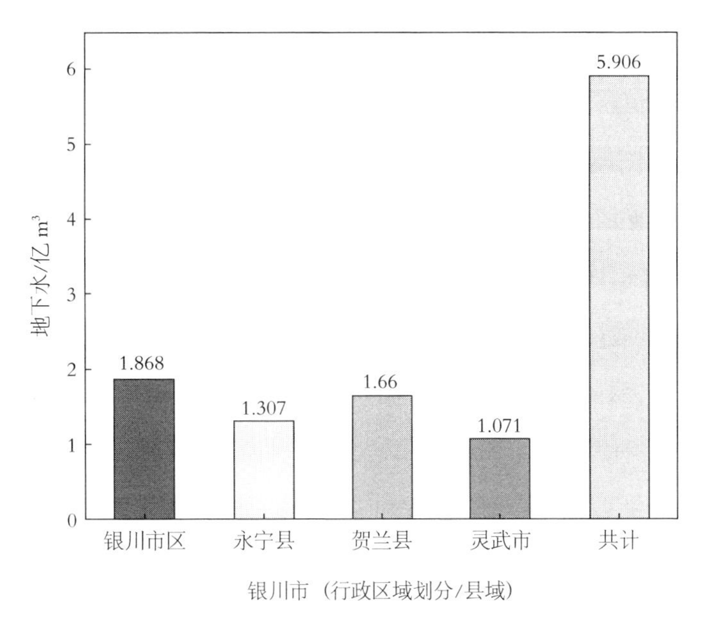

图 2-7-12　2020 年银川各县市（区）地下水资源量

源量偏低，其中贺兰县和银川市区水资源总量分别为 0.388 亿 m^3 和0.379 亿 m^3（图 2-7-13），分别占银川市水资源总量的 34.1%和33.3%，是银川市的主要水源；永宁县水资源总量为 0.227 亿 m^3，占银川市的 20%，灵武市水资源总量为 0.143 亿 m^3，占银川市的 12.6%，与以上其他地区相比，灵武市缺水较为严重，水源不足是关键问题。此外，2020 年灵武市平均年降水量和年均地表水资源量均为银川市中最低区域，相比于较大的区域面积，该地区地表径流量

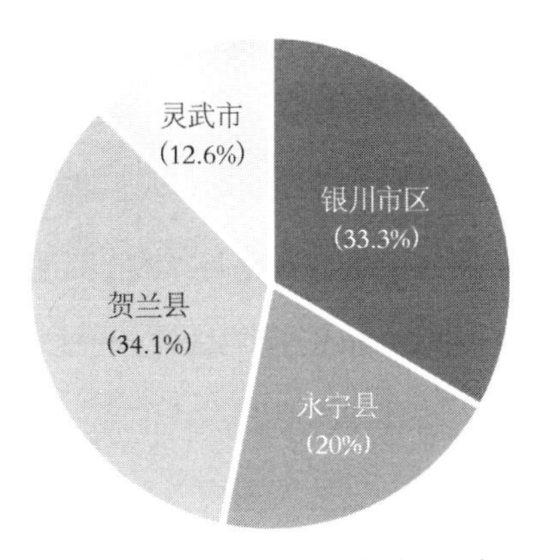

图 2-7-13　2020 年银川各县市（区）水资源总量占比

与降水入渗补给量之和偏小，导致水资源量相对匮乏。

三、银川市水资源利用状况

（一）农业水资源利用情况及存在问题分析

农业水资源利用主要是农田灌溉用水和林、牧、渔业用水，湖泊湿地的补水有相当一部分也取自于农业灌溉，因此，农业水资源利用量中有一部分为生态用水。整体来看，2020 年银川市平均年降水量共计 208 mm，达到了 14.412 亿 m^3，水资源总量达到 1.137 亿 m^3（表 2–7–2），农田实际灌溉面积为 3 325.20 hm^2， 灌水总量为 2.02 亿 m^3。农田灌溉用水基本来自黄河水，宁夏地下水资源集中在引黄灌区，主要引黄河水域的补给。2020 年宁夏全区地下水资源量为 17.772 亿 m^3，比 2019 年减少了 0.586 亿 m^3。2020 年引黄灌区地下水资源量为 13.912 亿 m^3，其中灌区渠系和田间渗漏补给量达 13.368 亿m^3，降水补给量为 0.544 亿 m^3。2020 年，黄河灌区地表水资源供水量合计为 60.143 亿 m^3（全部来自黄河），地下水资源供水量合计 4.590 亿 m^3，各行政分区中，银川市最多 5.906 亿 m^3，占总量的 33.2%；从与水资源利用相关的农业产值比重来看，银川市农业播种面积为 11.7×10^4 hm^2，农作物产量达到 69.23 万 t，经济作物产量达到 610 t。农业取水量和农业耗水量方面，银川市由大到小依次为贺兰县（5.186 亿 m^3 和 2.532 亿 m^3）、银川市区（4.867 亿 m^3 和 2.108 亿 m^3）、灵武市（3.938 亿 m^3 和 1.845 亿 m^3）和永宁县（3.578 亿 m^3 和 1.690 亿 m^3），见图 2–7–14，2020 年银川市区灌溉水有效利用系数为 0.526，而宁夏全区平均系数为 0.551，由此可见，银川市农业用水效率较低。根据水资源总量占比（地上和地下取水及耗水量），贺兰县和银川市区位于前二，然而，相比于较少的水资源量，永宁县农业产值比重较大，属于引黄灌区中产量前列，而灵武市则相对靠后。

表 2-7-2　2020 年银川各县市水资源用量

单位：亿 m³

地区		计算面积/km²	年降水量	地表水资源量	地下水资源量	重复计算量	水资源总量
银川市	银川市区	1 791	3.800	0.244	1.868	1.733	0.379
	永宁县	925	1.387	0.111	1.307	1.191	0.227
	贺兰县	1 186	3.146	0.244	1.660	1.516	0.388
	灵武市	3 029	6.079	0.126	1.071	1.054	0.143
	小计	6 931	14.412	0.725	5.906	5.494	1.137

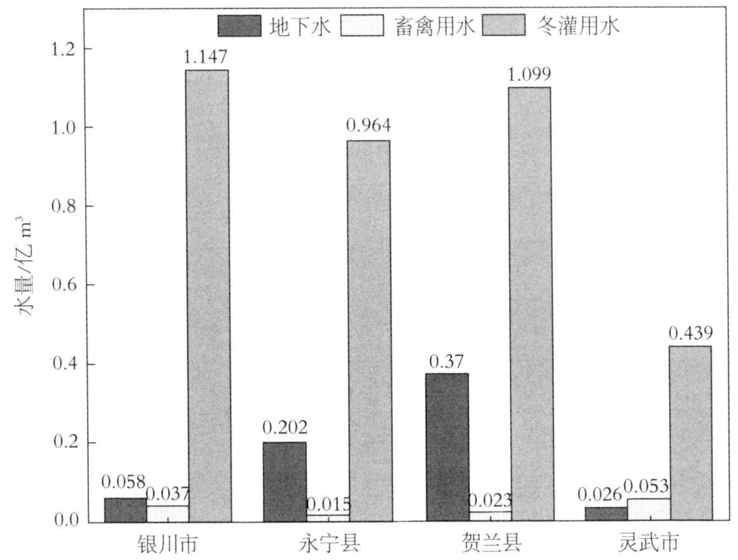

图 2-7-14　2020 年银川各县市（区）农业取水量

近年来，银川市大力推广节水灌溉技术，农业用水量呈现下降趋势，从一定意义上讲农业用水是银川平原地下水的主要补给源。因此，如果过分压缩农业用水，可能导致地下水位下降、城市地面沉降等问题。另外，银川市农业用水几乎全部为黄河水，黄河水受干旱气候的影响，表现出水资源量的不稳定性，银川市运用黄河水资源的量也是随着黄河水的丰枯状况而变化的，2020 年黄河干流宁夏段入境实测年径流量为 490.844 亿 m³，出境实测年径流量为 450.100 亿 m³，进出境水量差为 40.744 亿 m³。2020 年宁夏引黄河水量为 58.840 亿m³，较 2019 年减少 0.902 亿 m³，引黄灌区地表水源供水量为 60.14 亿 m³，地下水源供水量为 4.59 亿 m³，总供水量达到 64.94 亿 m³，黄河水域引流量呈减少趋势，因此单纯使用黄河水灌溉农业存在一定的安全隐患。

（二）工业水资源利用情况及存在问题分析

银川市工业用水几乎全部来自地下水，2020 年银川市工业总产值为 1 964.37 亿元， 总工业用水量为 0.69 亿 m³（图 2-7-15）， 其中，万元工业产值耗水量为 66 m³/万元。银川市 2020 年取水量由大到小依次为银川市区、贺兰县、灵武市和永宁县，各地区取水量分别为 0.454 亿 m³、0.106 亿m³、0.074 亿 m³ 和 0.053 亿 m³（图 2-7-15），耗水量由大到小依次为银川市区、灵武市、贺兰县和永宁县，大小分别为 0.313 亿 m³、0.064 亿 m³、0.041 亿m³ 和 0.023 亿 m³（图 2-7-15），以上地区在工业消耗的水资源中，来自地下水的比重大小依次为银川市区、贺兰县、永宁县和灵武市。从以上数据得出，银川市区在取水量、耗水量以及工业产值方面均显著高于其他县域，而其他地区工业耗水量和取水量较低的主要原因可能和地区工业的发展以及效率有

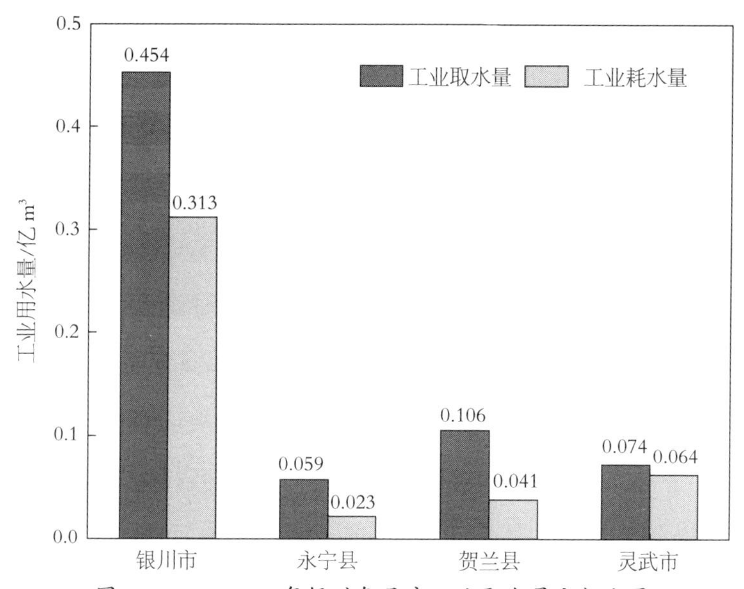

图 2-7-15　2020 年银川各县市工业取水量和耗水量

关，尤其是灵武市。根据银川市区地下水资源量，工业用水占比不大，且2020年宁夏全区工业用水只占全区总耗水量的8.3%，相对较低。

此外，着眼于未来，随着老工业的改造，工业技术含量提高，银川市工业用水万元产值取水量将逐渐下降，但由于目前银川市所处的发展阶段使城市经济的发展离不开工业的带动作用，因此，未来城市工业化水平还要进一步提高，相应的工业用水也会随之增加。

（三）生活水资源利用情况及存在问题分析

2020年，银川市总人口为286.2×10^{4}人，其中城镇人口为468.3×10^{3}人。2016—2020年银川市人口统计分析显示，包括人口机械增长，全市城镇人口在此期间增长6.2%，随着城市化加快，农村人口向城市迁移规模增加，农村人口数量应该呈现减少趋势。城镇人口的生活用水在近年内增长较快，而农村人畜由于人口迁移和生活条件关系，近些年用水量涨幅不会太大。2020年宁夏全区生活耗水量占全区的3.9%，在全区各行业耗水量中占比最低。银川市中，生活取水量由大到小依次为银川市区、永宁县、贺兰县和灵武市，其数值大小依次为1.291亿m^3、0.156亿m^3、0.145亿m^{3}和0.107亿m^3(图2-7-16)，生活耗水量由大到小依次为银川市区、永宁县、贺兰县和灵武市，其数值大小依次为0.4330亿m^3、0.092亿m^3、0.075亿m^{3}和0.051亿m^3，此外，银川市区、永宁县、贺兰县和灵武市人口依次为190×10^{4}人、321×10^{3}人、341×10^{3}人和294×10^{3}人。从以上居民用水量和人口数量来看，银川市高居第一位，显然，区域生活用水量和当地人口数量密不可分，总体来看，除了银川市区，永宁县、贺兰县和灵武市生活用水比重不大，与当地水资源量成正比。

（四）生态用水情况及存在问题分析

银川市生态环境用水只是从狭义的角度出发。生态用水主要指城镇生态环境美化用水，包括绿化用水、城镇河湖湿地补水、环境卫生用水等。近些年来，银川市大力开展城市园林绿化工程，主要包括新建、扩建大面积的绿地、林带、湖泊湿地以及水系等，构建了基于城市公园、路网绿化区以及湖

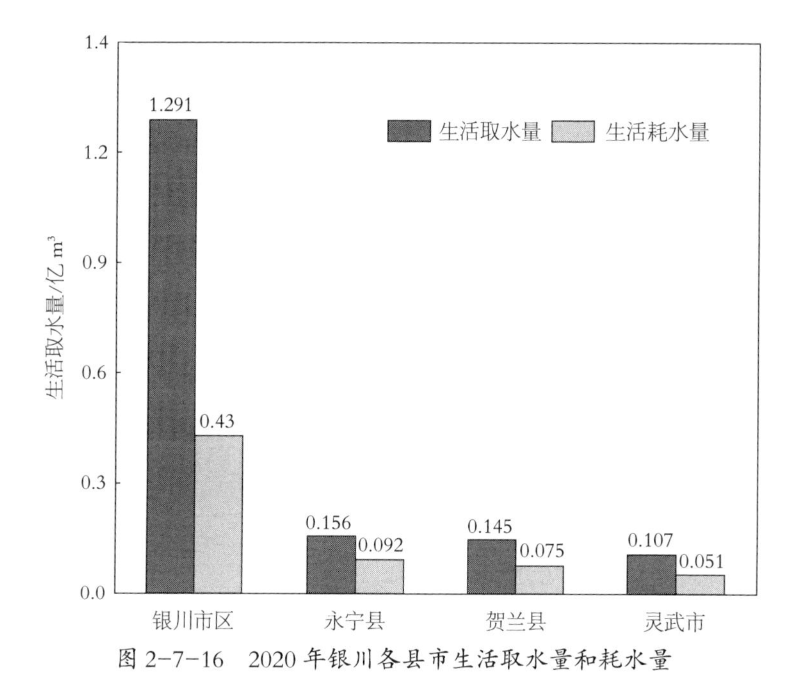

图 2-7-16　2020 年银川各县市生活取水量和耗水量

泊河道景观区为主体的城市生态景观，成为国家级园林城市和园林绿化先进城市。对于处在干旱地区的银川市，其生态环境用水量不容忽视。2020 年，银川市人工生态环境补水量为 1.657 亿 m³，其中用于城乡环境建设的约为 0.373 亿 m³，而用于湖泊补水的量达到 1.284 亿 m³，相对于绿化景观用水，湖泊湿地补水量所占比重相对较大，占总用水量的 77%。根据表 2-7-3，银川市区、永宁县、贺兰县和灵武市生态用水分别为1.267 亿 m³、0.162 亿 m³、0.155 亿 m³ 和 0.073 亿 m³，其中湖泊补水量分别为 1.027 亿 m³、0.130 亿 m³、0.103 亿 m³ 和 0.024 亿 m³，从以上数据可以看出，银川市区用于城乡环境和湖泊补水的量均为最高，银川市属温带大陆性气候，降雨稀少，蒸发强烈，气候干燥，平均年降水量为 208 mm，属于典型的内陆干旱区。湖泊补水量占生态环境总水量的 81%，湖泊湿地大面积水体的蒸发和深层渗漏控制着银川市生态环境用水的规模和总量，永宁县和贺兰县湖泊补水量分别占环境总水量的 81%和 66%，而灵武市湖泊补水量占环境总水量的 32%，相比以上其他地区，灵武市湖泊补水量比重相对较低，主要原因是灵武市发展规模以及人口基数均相对较小，用于城乡建设以及区域湖泊补水的量相应较少（表 2-7-3）。

表 2-7-3 2020 年银川各县市生态用水量

单位：亿 m^3

用水类型	银川市区	永宁县	贺兰县	灵武市	小计
城乡环境	0.24	0.032	0.052	0.049	0.373
湖泊补水	1.027	0.13	0.103	0.024	1.284
小计	1.267	0.162	0.155	0.073	1.657

综上来看，银川市生态环境用水需求量较大，尤其是湖泊用水方面，然而，银川市生态环境水资源利用方式比较粗放，绿化及环卫用水以地下水为主，湖泊补水以黄河水为主，水资源浪费比较严重，灌溉方法落后，已建成的城市绿化工程，较少考虑与园林植物相配套的灌溉系统。很多灌溉仍然采用地面漫灌、人工洒水或水车浇灌，导致大量的水资源浪费。随着经济社会的发展，生态环境的适宜与否已成为城市经济快速推进的主要影响因素。适宜和经济的补水方式对于城市的发展也尤为重要。随着银川市生态景观及园林绿化工程建设的日益扩大，应提高生态环境用水中对工业废水、城市生活污水的回收利用。

（五）农业结构组成

在快速成像化的背景下，银川市耕地数量也在不断发生变化，2018 年，银川市耕地面积为 130.3 万 hm^2，而在 2020 年这一数字下降为 120.1 万 hm^2，主要原因可能是随着近些年城镇化的提高，城市面积的不断扩大，进一步压缩耕地面积，导致近些年耕地面积有所下降。2020 年银川市农作物总播种面积为 117.4 万 hm^2，较 2019 年增加 2.1 万 hm^2，粮食播种面积为 67.9 万hm^2（表2-7-4），其中，玉米、小麦、水稻和豆类播种面积分别为 43 198 hm^2、9 296 hm^2、28 246 hm^2 和 400 hm^2，玉米播种面积远远大于其他作物面积，这可能与该地区的气候以及当地牲畜数量有极大关系。2020 年银川市区、永宁县、贺兰县和灵武市总播种面积由大到小依次为 48 321 hm^2（永宁县）、

46 349 hm²（贺兰县）、32 796 hm²（银川市区）和 24 842 hm²（灵武市），永宁县和贺兰县作物播种面积远超灵武市和银川市区，这种分布局面与当地水资源条件有很大关系，永宁县和贺兰县平均年降水量分别为 150 mm 和 265 mm，且此两地均为引黄灌区，耕地能够充分得到黄河水资源的补给，相较于银川市区，永宁县和贺兰县用于环境建设和湖泊补水的水资源用量比重较少，本地区的水资源能够较好地服务于农业。

表 2-7-4　2020 年银川市不同农作物播种面积

单位：hm²

地区	水稻	小麦	玉米	豆类	小计	农作物总播种面积
银川市区	6 639	916	10 018	0	17 573	32 796
永宁县	4 533	3 600	17 347	400	25 880	48 321
贺兰县	10 007	4 500	6 233	0	20 740	46 349
灵武市	7 067	280	9 600	0	16 947	24 842
小计	28 246	9 296	43 198	400	81 140	152 308

玉米的播种面积在永宁县最大，小麦的播种面积在贺兰县播种量最大，并有上升趋势，永宁县玉米产量达 16.13 万 t，银川市总共农作物产量为 69.23 万 t。据统计，2020 年银川市小麦收后复种农作物 9 万亩，其中秋菜 7.5 万亩，秋杂粮及饲草、青贮玉米等 1.5 万亩。一年两茬的错峰种植不仅保障了粮食安全，还有效提高了经营性收入，据相关部门统计，小麦产值与投入成本基本持平，但小麦收割比较早，二茬秋菜在入冬之前完全能够成熟，青贮玉米尽管收割晚，但产值比小麦高，二茬及时补种小黑麦，成熟期正好在来年青贮玉米播种期。与此同时，二茬饲草种植在冬天土地农闲时防止裸露土壤风蚀，提高土地肥力，增加收入，对当地生态环境也起到一定的保护作用。

四、银川市节水潜力及节水路径

（一）农业用节水潜力和主要节水路径

截至 2020 年年底，银川市农作物总播种面积为 117.4 万 hm^2，较 2019 年增加2.1 万 hm^2，粮食播种面积为 67.9 万 hm^2。银川市农业水资源灌溉水主要来自黄河流域，2020 年，银川市农业耗水量 2.02 亿 m^3，农田实际灌溉面积为 3 325.20 hm^2。银川市主要农作物和经济作物有水稻、小麦、玉米、豆类和葡萄。如图 2-7-17 所示，具体来说，银川市区、永宁县和灵武市主要农作物均为玉米，由于银川市地表水资源和地下水资源短缺，气候干燥少雨，蒸发量大，且降水量在年内分配极不均衡。

目前，银川市农业节水措施，主要分为工程措施和非工程措施。工程措施主要是通过渠道更新改造，采用渠道防渗砌护等工程措施减少渠道输水损失量；发展喷灌、滴灌、管灌等高效节水灌溉，提高灌水效率；同时加强农田水利基本建设，通过大畦改小畦和平田整地，提高田间水利用系数。非工程措施主要是调整灌区作物种植结构，控制或压减高耗水作物种植面积，同时加强用水管理、节约用水。

银川市各地区农作物灌溉方式，尤其玉米播种的灌溉方式已经采用滴灌方式，尤其是银川市区，相比于传统的漫灌方式，滴灌大大减少了农业灌溉水资源的浪费；同时，永宁县作为全市第一大玉米和小麦种植基地，通过有

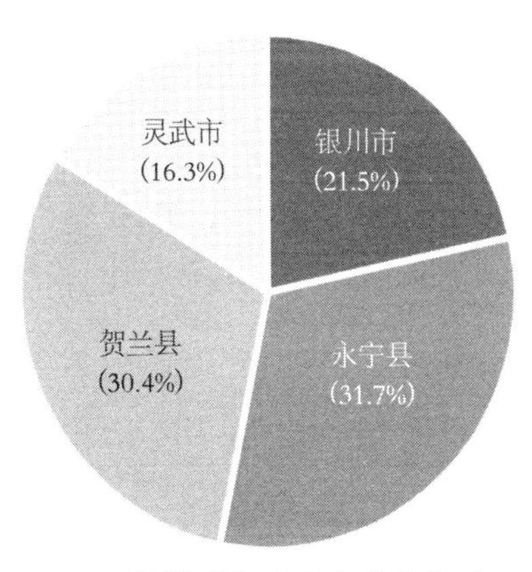

图 2-7-17　2020 年银川各县市农作物播种面积百分比

效节水的灌溉方式，高效节水面积的不断扩大，永宁县农业灌溉用水量逐年降低，有效灌溉面积增加，节水效果非常明显，用水量由原先大水漫灌（旱作物）逐步转变为滴灌和喷灌等，通过水肥一体化措施，改善土壤的水肥性和理化特性，减少农业化肥的无效排放，减少农业化学污染，有效促进了水土环境及生态环境健康发展。

此外，贺兰县水稻相对播种面积较大，农业灌溉水消耗量巨大，合理调整作物种植结构，压减水稻等高耗水作物面积，扩大高效节水作物比例是关键。针对银川市葡萄特色产业，在保证产业高质量发展的前提下，根据当地种植特点，通过智能化水肥管理，基于根域限制的葡萄节水节肥省力高效栽培关键技术集成与示范，采用物理隔离和局部土壤改良等技术，通过沟槽式、垄式、控根器 3 种方式筛选出节水、规避盐碱危害的栽培模式，较传统灌溉方式节水 20%、节肥 30%。

目前，银川市现代节水农业技术的发展正处于利用高科技对传统灌溉技术实施革新的重要时期。所以，明确当地现代节水农业技术的研究和发展是当前的重中之重，这对节约水资源和保护生态环境都有着积极的现实意义。

（二）工业节水的潜力和路径

2020 年银川市工业总用水量达到了 6.9 亿 m^3，万元工业产值耗水量为 66 m^3/万元。2020 年银川市工业总用水量占宁夏全区用水量的 16.4%，银川市 2020 年工业用水量占比由大到小依次为银川市区、灵武市，贺兰县和永宁县，各地区用水量百分数依次为 71.1%、14.2%、9.1%和 5.1%（图 2-7-18）。目前银川市所有工业类型主要为化工产业、电力产业、建材产业、纺织产业、食品产业和制药产业（生物发酵、中药生产和化学制药）等，这些产业耗水量相对较大，尤其是化工和电力产业，2020 年除了食品产业和制药产业工业增加值速度为正以外，其他产业均为负增长。

从不同类型产业角度来看，银川市电力产业的节水潜力很大，电厂的生产用水主要由冷却用水和冲灰用水组成，其节水的主要技术是通过技术改造来提高冷却用水的重复利用率和提高冲灰用水的回用率，提高整个生产工艺的用水效率。与此同时，最大限度减少对水资源的过度消耗。而在化工企业运行过程中，使用较为先进的节水工艺以及工作设备是保证水资源合理使用的前提与基础。为实现资源合理利用的目标，就需要保证工程设计的最优化。为此，就需要不断优化工艺，提升设备以及技术的有效性，防止化工企业工作过程中产生水资源浪费。在化工企业运行过程中，还能通过减少冷却水的用量等方式控制水厂的规模，从而达到减少水厂工作过程中水补给量的作用。针对不同的水资源利用情况，应该建立不同的水资源回收站，对其进行严格的控制，使水资源得到有效的利用。同时，经过以上方式处理过的水资源还能投入到其他方面的工作过程中。银川市纺织行业主要有山羊绒纺织、毛纺织业、地毯编织业等。纺织业用水中，空调的作用是调节车间的温度与湿度，空调冷却水用水量最大，约占 60%，其次是锅炉洗涤用水和锅炉除尘冲渣用水。目前洗涤用水基本一次性排放，没有采取逆流漂洗工艺，锅炉冷凝水回用率低，锅炉除尘、冲渣用水大多数企业使用新水，未循环利用，一次性排放，此产业仍有很大节水潜力。

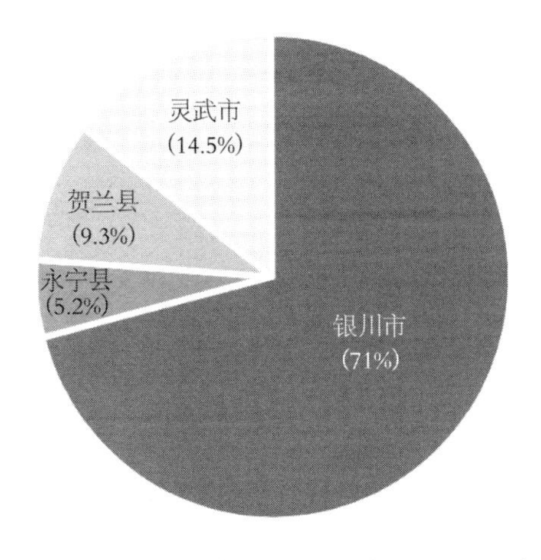

图 2-7-18　2020 年银川各县市工业用水量占比

从以上几个产业内部来看，节水一般要经历以下三个阶段：一是主要通过银川市政府行政手段加强用水管理，不需要增加资金投入即可获得明显的节水效果；二是通过抓工业内部循环用水，提高水的重复利用率，可以收到投资少、见效快、效益高的节水效果；三是通过改造工业设备和生产工艺实现节水，这一阶段的节水难度大、投资高，但随着水资源获得难度的加大和工业水价的提高，节水的经济效益也会随之提高。工业废水零排放是一种先进的管理理念，是持续改进的目标，同时这也是银川市工业企业在提高用水效率，最大限度减少因污水排放造成的环境污染方面而值得采取的一种先进技术。由此通过不断改进工艺、采用先进设备、改善和加强管理、综合利用等措施，最大限度地减少用水量以及全面提高水资源利用率，从而达到经济效益和社会效益“双赢”的目标。

总体来说，银川市工业节水的基本措施包括通过运用宏观的行政及经济手段合理调整现有工业布局、工业结构和产品结构；加强工业用水管理，运用必要的行政手段和合理的经济政策，银川市节水比较关键的一步是合理调整工业布局；通过工业结构和产品结构的合理调整，以及工业生产技术水平和工业生产工艺水平的提高，减少生产过程中水的利用量；通过提高工业用水重复利用率，减少工业单位产品取水量。

（三）生活水节水潜力与路径

2020 年，银川市生活耗水量由大到小依次为银川市区、永宁县、贺兰县和灵武市，银川市城镇区生活耗水量主要为居民用水和公共用水，即不同服务、餐饮和建筑等行业，由于相关政策的缺乏、水资源设施老旧以及不科学的水资源利用方式，导致这些行业目前对于水资源的浪费较为严重，节水潜力较大。

根据银川市用水技术及用水特点，可从水源运输过程以及用户两方面入手，例如：在各处采用节水阀、节水龙头等控制自来水流量；在厨房各个工作环节的操作过程中避免长流水；提早化冻食品，杜绝流水解冻。使用餐具专用洗涤剂，提高冲漂效率，在保证消毒效果的前提下减少自来水的浪费。对蔬菜的清洗应先浸泡、后清洗，以降低水耗，同时达到消除农残的目的。对室外地面和墙（玻璃）面不要直接用自来水冲洗，可刷洗、擦洗相结合。对厨房地面不要直接用自来水冲洗，用专用清洁剂刷洗和擦洗。加强对各行业员工和消费者有关节约用水的宣传引导。

农村生活用水除居民生活用水外还包括牲畜用水，目前，永宁县、贺兰县以及灵武市农村用户用水基本为自来水，有统一的给水系统，由于农村地形复杂，给水管网形式不一，为了保证最不利供水点达到给水，就必须提高供水始端的水压，这样就会造成有的供水点水压过大和水流量超过额定流量，造成水浪费。为了防止这些“隐形”水量的浪费，需要合理限定配水点的水压，对入户支管的压力做出限制，采取减压措施来控制给水管中的水压。此外，这些地区农户养殖牲畜取水量也占了相当大的比重，尤其是灵武市农村地区（图 2-7-19），基于以上问题，结合各区域农村生活用水特点以及农村节水的可行性，建议采取以下措施。充分利用雨水配套储水设施，将雨水收集起来，这部分雨水可用于补充牲畜用水，且经过处理后的雨水还可以作为厕所的冲洗、拖地、浇花灌溉等用水。在家庭生活中，将洗菜用水用于冲洗厕所、浇花、打扫卫生等。减少洗浴时调节水温的浪费，随着农村生活水平的提高，各种热水供应系统已经成为生活中不可缺少的部分，开启热水配置

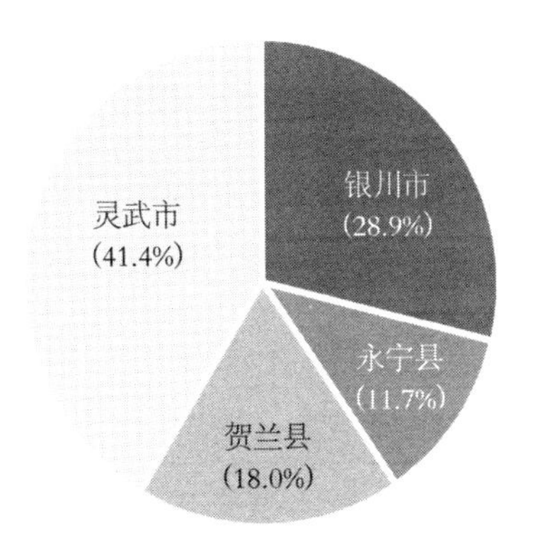

图 2-7-19　2020 年银川各县市农村牲畜用水量百分比

系统时，调节水温会释放管道中大量的冷水，而这部分水没有产生任何的效应，成为无效冷水，造成浪费，对这部分无效冷水，可以有意识地收集起来用于厕所冲洗等。养成良好的用水习惯，通过节约用水措施让居民合理用水，高效率用水，不造成浪费，改掉不良的用水习惯。

（四）生态用水节水路径

银川市生态环境用水需求量较大，这主要体现在各地区湖泊用水方面，然而，银川市生态环境水资源利用方式比较粗放、单一，绿化及环卫用水以地下水为主，湖泊补水以黄河水为主，水资源浪费比较严重，灌溉方法落后，已建成的城市绿化工程，较少考虑与园林植物相配套的灌溉系统。

很多灌溉仍然采用地面漫灌、人工洒水或水车浇灌，此外，银川市区一些绿化工程存在景观设计不合理、灌溉技术不合理、植物配置不当的问题，造成了水资源的浪费。例如，灌溉方式脱离了植物生长的实际需要，不同植物的生长规律不同，因此在生命周期所需的水量和所采用的灌溉方法也应有所不同。但在许多景观绿化中，仍沿用地表漫灌、人工灌溉等传统落后的方法，不仅影响植物的生长发育，还会造成水资源的消耗和浪费，不利于绿化工程的可持续发展。

目前景观灌溉技术相对落后，漫灌现象仍然十分普遍，喷灌、微灌等节水灌溉设施不能大面积推广，管理者对其重视不够，这使得先进的技术无法被广泛推广，大大降低了绿化工程的节水能力，对此，结合现代生态环境灌溉技术发展以及银川市生态用水现状，考虑强化节水理念要提高城市绿地的节水效果，从设计层面重视节水理念，树立节水意识；在下雨时能够吸水、蓄水、渗水、净化水，必要时将储存的水释放利用，实现雨水在城市中的自由迁移；各地区绿地节水设计应尊重自然，因地制宜，科学规划。在尊重自然的前提下，充分利用场地现有资源和自然条件，高度重视生态环境保护，促进节水和水资源的良性循环。节水型结构和设备的设计应体现灵活性和动态性，采用更适合水资源利用的循环模式和现代施工技术，以满足未来发展的需要。在规划设计过程中，可以选用一些耐旱植物。总的来说，草坪的需水量最大，乔木和灌木的需水量相对较小。因此，可以科学配置乔木、灌木和地被植物，满足人们对美好环境的需求，达到一定的景观效益和生态效益，同时达到节约水资源的目的。

在科学理论的指导下，合理的灌溉方式不仅可以保证植物获得充足的水分，而且可以达到节水的目的。优化传统灌溉方式，采用一些高科技节水灌溉方式，全面了解喷灌、滴灌、微灌技术，根据实际情况选择最佳灌溉方式进行景观灌溉设计，最大限度地实现节水，提高节水效果。

第三部分

宁夏不同生态类型区水资源概况及节水策略

第八章　宁夏不同生态类型区水资源利用概况

一、不同行业取水量

2020—2022 年宁夏全区年平均取水量为 70.203 亿 m³，在分项取水量中，农业取水量最多，为 58.641 亿 m³，占年均总取水量的 83.5%，农业实际灌溉面积 983.6 万亩；工业取水量为 4.192 亿 m³，占总取水量的 6.0%；生活取水量为 3.705 亿 m³，占总取水量的5.3%；人工生态环境补水量为 3.665 亿 m³（其中湖泊补水量 2.577 亿m³)，占总取水量的 5.2%。在地下水取水量中，农业取水量为 2.465 亿 m³，占比为 40.2%；工业取水量为 0.995 亿 m³，占比为 16.2%；生活取水量为 2.367 亿 m³，占比为 38.5%；人工生态环境取水量为 0.311 亿 m³，占比为 5.1%。因此，农业取水量占比最大，地下水近 50%用于农业灌溉（图 3-8-1，表 3-8-1）。

表 3-8-1　2020 年宁夏不同生态类型区取水量

单位：亿 m³

生态分区	农业取水量				工业取水量		生活取水量		人工生态环境补水量				总取水量	
	合计	其中畜禽水	其中冬灌水	其中地下水	合计	其中地下水	合计	其中地下水	合计	其中城乡环境	其中湖泊补水	其中地下水	合计	其中地下水
北部引黄灌区	51.321	0.373	9.257	1.688	3.998	0.952	3.058	2.274	3.550	0.988	2.562	0.309	61.927	5.223
中部干旱带	6.504	0.090	0.470	0.438	0.108	0.019	0.312	0.089	0.092	0.077	0.015	0.002	7.016	0.548
南部山区	0.816	0.061	0	0.339	0.086	0.024	0.335	0.004	0.023	0.023	0	0	1.260	0.367
宁夏全区	58.641	0.524	9.727	2.465	4.192	0.995	3.705	2.367	3.665	1.088	2.577	0.311	70.203	6.138

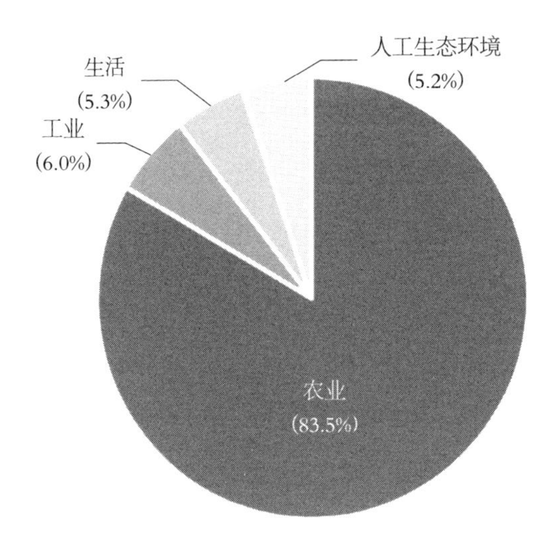

图 3-8-1 2020 年宁夏不同行业取水比例

从生态类型区来看，北部引黄灌区取水量为 61.927 亿 m³。在分项取水量中，农业取水量最多，为 51.321 亿 m³，占总取水量的 82.9%；工业取水量为 3.998 亿 m³，占总取水量的 6.5%；生活取水量为 3.058 亿 m³，占总取水量的 4.9%；人工生态环境补水量为 3.550 亿 m³，占总取水量的 5.77%，其中湖泊补水量为 2.562 亿 m³。在取地下水中，农业用水 1.688 亿 m³，占地下水总取水量的 32.3%；工业用水 0.952 亿 m³，占 18.2%；生活用水 2.274 亿 m³，占 43.5%；人工生态环境用水 0.309 亿 m³，占 5.9%。

中部干旱带取水量为 7.016 亿 m³。在分项取水量中，农业取水量最多，为 6.504 亿 m³，占总取水量的 92.7%；工业取水量为 0.108 亿 m³，占总取水量的 1.5%；生活取水量为 0.312 亿 m³，占总取水量的 4.4%；人工生态环境补水量为 0.092 亿 m³，占总取水量的 1.3%，其中湖泊补水量 0.015 亿 m³。在取地下水中，农业用水 0.438 亿 m³，占地下水总取水量的 79.9%；工业用水 0.019 亿 m³，占 3.5%；生活用水 0.089 亿 m³，占 16.2%；人工生态环境用水 0.002 亿 m³，占0.4%。

南部山区取水量为 1.260 亿 m³。在分项取水量中，农业取水量最多，为 0.816 亿 m³，占总取水量的 64.8%；工业取水量为 0.086 亿 m³，占总取水量的

6.8%；生活取水量为 0.335 亿 m^3，占总取水量的 26.6%；人工生态环境补水量为 0.023 亿 m^3，占总取水量的 1.8%，其中湖泊补水量为 0 m^3。在地下水取水量中，农业用水为 0.339 亿 m^3，占地下水总取水量的 92.4%；工业用水为 0.024 亿 m^3，占比 6.5%；生活用水为 0.004 亿 m^3，占比 1.1%；人工生态环境用水为 0 m^3。

二、不同行业耗水量

2020 年宁夏全区耗水总量为 38.886 亿 m^3，其中耗黄河水 34.115 亿 m^3，耗当地地表水 0.588 亿 m^3，耗地下水 3.718 亿 m^3，耗其他水 0.465 亿 m^3。分行业耗水量中，农业耗水量最多，为 30.478 亿 m^3，占总耗水的 78.4%；工业耗水量为3.222 亿 m^3，占 8.3%；生活耗水量为 1.521 亿 m^3，占 3.9%；人工生态环境耗水量为 3.665 亿 m^3，占 9.4%（图 3-8-2）。

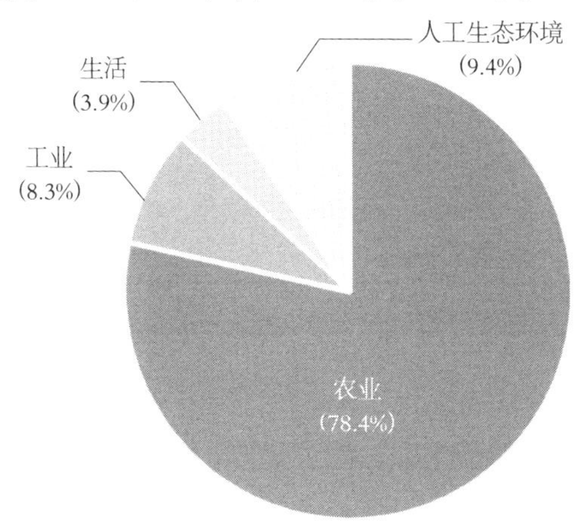

图 3-8-2　2020 年宁夏不同行业耗水比例

宁夏分区耗水量，北部引黄灌区耗水量为 31.500 亿 m^3。在分项耗水量中，农业耗水量最多，为 23.706 亿 m^3，占总耗水量的 75.3%；工业耗水量为 3.114亿 m^3，占总耗水量的 9.9%；生活耗水量为 1.130 亿 m^3，占总耗水量的 3.6%；人工生态环境耗水量为 3.550 亿 m^3，占总耗水量的 11.3%。在耗地下水中，农业耗水 1.419 亿 m^3，占地下水耗水总量的 47%；工业耗水 0.384 亿 m^3，占 12.7%；生活耗水 0.910 亿 m^3，占 30.1%；人工生态环境耗水 0.309 亿 m^3，占 10.2%。

中部干旱区耗水量为 6.405 亿 m³。在分项耗水量中，农业耗水量最多，为 6.081 亿 m³，占总耗水量的 94.9%；工业耗水量为 0.042 亿 m³，占总耗水量的 6.6%；生活耗水量为 0.190 亿 m³，占总耗水量的 3.0%；人工生态环境耗水量为 0.092 亿 m³，占总耗水量的 1.4%。在耗地下水中，农业耗水 0.364 亿 m³，占地下水耗水总量的 90.3%；工业耗水 0.006 亿 m³，占比为 1.5%；生活耗水 0.031 亿 m³，占比为 7.7%；人工生态环境耗水 0.002 亿 m³，占比为 0.5%。

南部山区耗水量为 0.981 亿 m³。在分项耗水量中，农业耗水量最多，为 0.691 亿 m³，占总耗水量的 70.4%；工业耗水量为 0.066 亿 m³，占总耗水量的 6.7%；生活耗水量为 0.201 亿 m³，占总耗水量的 20.5%；人工生态环境耗水量为 0.023 亿 m³，占总耗水量的 2.3%。在耗地下水中，农业耗水 0.282 亿 m³，占地下水耗水总量的 96.2%；工业耗水 0.007 亿 m³，占比为 2.4%；生活耗水 0.004 亿 m³，占比为 1.4%；人工生态环境为 0 m³（表 3-8-2）。

表 3-8-2　2020 年宁夏不同生态类型区耗水量

单位：亿 m³

生态分区	农业耗水量			工业耗水量		生活耗水量		人工生态环境耗水量		总耗水量	
	合计	其中畜禽耗水	其中地下水	合计	其中地下水	合计	其中地下水	合计	其中地下水	合计	其中地下水
北部引黄灌区	23.706	0.373	1.419	3.114	0.384	1.130	0.910	3.550	0.309	31.500	3.022
中部干旱区	6.081	0.09	0.364	0.042	0.006	0.190	0.031	0.092	0.002	6.405	0.403
南部山区	0.691	0.061	0.282	0.066	0.007	0.201	0.004	0.023	0	0.981	0.293
宁夏全区	30.478	0.524	2.065	3.222	0.397	1.521	0.945	3.665	0.311	38.886	3.718

三、取水耗水效率

2020 年宁夏全区万元 GDP 取水量为 179 m³；农业灌溉亩均取水量为 591 m³；万元工业增加值取水量为 32.7 m³；灌溉水有效利用系数为 0.551。

2020 年宁夏全区万元GDP 耗水量为 99 m³；农业灌溉亩均耗水量为 305 m³。北部引黄灌区和中部干旱带灌溉水有效利用系数为 0.53 左右，宁南山区灌溉水有效利用系数高达 0.719，宁夏平均灌溉水有效利用系数为 0.551，略低于我国农田灌溉水有效利用系数（0.568，2021 年度中国水资源公报），万元工业增加值（当年价）用水量为 28.2 m³，人均生活用水量（含公共用水）为 176 L/d，城乡居民人均用水量为 124 L/d。与 2020 年相比，万元国内生产总值用水量和万元工业增加值用水量分别下降 5.8%和 7.1%（按可比价计算）（表 3-8-3）。

表 3-8-3　2020 年宁夏各市各行业用水、耗水概况

地区	万元 GDP/(m^3·万元$^{-1}$)		农业亩均/(m^3·亩$^{-1}$)		工业万元增加值/(m^3·万元$^{-1}$)	灌溉水有效利用系数
	用水量	耗水量	用水量	耗水量	用水量	
银川市	120	66	716	330	—	0.526
石嘴山市	236	125	634	307	—	0.526
吴忠市	291	187	531	340	—	0.573
固原市	36	28	170	142	—	0.719
中卫市	329	151	589	236	—	0.539
宁夏全区	179	99	591	305	32.7	0.551

宁夏万元GDP 用水量为 179 m³，远高于黄河流域邻近省份，工业供水效率相对较低，灌溉水利用系数平均为 0.551，低于甘肃、内蒙古和陕西，农业灌溉利用效率在同等自然禀赋条件下提升空间较大，另外，宁夏人均用水量和水资源开发程度均大于邻近省份，由于宁夏自产水资源的匮乏，相对于其他省份自产水的利用程度更高（表 3-8-4）。

表 3-8-4　黄河流域西北省份水资源对比

地区	自产水量/亿 m^3	用水量/亿 m^3	开发度	人口/万人	人均用水量/(m^3·人$^{-1}$)	灌溉水利用系数(2021 年)	万元 GDP 用水量/m^3
青海省	326.37	13.26	4.06%	593	409	0.503 2	72.6
甘肃省	178.61	35.35	19.80%	1 814	195	0.574 3	56.7

续表

省份	自产水量/亿 m^3	用水量/亿 m^3	开发度	人口/万人	人均用水量/(m^3·人$^{-1}$)	灌溉水利用系数(2021 年)	万元 GDP 用水量/m^3
陕西省	123.61	66.30	53.60%	3 188	208	0.576 6	25.7
内蒙古自治区	35.07	93.48	267.00%	1 047	893	0.568	72.9
宁夏回族自治区	10.04	70.20	636.00%	725	968	0.551	179.0

注：国家发展改革委、水利部、住房和城乡建设部、工业和信息化部、农业农村部近日印发《黄河流域水资源节约集约利用实施方案》。以上文件明确，到 2025 年，黄河流域万元 GDP 用水量控制在 47 m^3 以下，比 2020 年下降 16%；农田灌溉水有效利用系数达到 0.58 以上；上游地级及以上缺水城市再生水利用率达到 25%以上，中下游力争达到 30%；城市公共供水管网漏损率控制在 9%以内。

第九章　宁夏不同生态类型区节水潜力与节水路径

一、农业节水潜力分析与适宜路径

（一）宁夏全区主要农作物种植结构

宁夏全区耕地面积 120 万 hm^2，其中具备灌溉面积耕地约为 53.8 万 hm^2（包含水田），灌溉比率约为 44.8%。宁夏农业灌溉用水占总用水量的 93.1%，而全国平均为 68%。粮食播种面积中玉米播种面积最大，占全区主要农作物面积的 58.33%，枸杞、葡萄和冷凉蔬菜种植面积占 22.06%。北部引黄灌区农作物以玉米、水稻、葡萄、小麦和枸杞为主，中部干旱区以玉米、小麦、葡萄、枸杞为主，南部山区主要种植冷凉蔬菜、玉米、马铃薯和枸杞（表 3-9-1）。北部引黄灌区和中部干旱区是宁夏“六特”产业中枸杞和葡萄酒原料的主产区，南部山区是冷凉蔬菜（宁夏“六特”产业之一）主要生产基地。北部引黄灌区种植的水稻和南部山区主种的冷凉蔬菜对水分需求较高，而其他作物如小麦和玉米等对水分需求相对较低。分区多年种植业结构基本

表 3-9-1　2020 年宁夏分区主要作物种植面积

单位：hm^2

地区	水稻	小麦	玉米	枸杞	葡萄	马铃薯	冷凉蔬菜
北部引黄灌区	50 837	19 269	177 550	17 307	25 334	0	0
中部干旱区	0	22 391	95 720	7 213	9 134	0	0
南部山区	0	0	22 011	880	0	6 737	51 815
宁夏全区	50 837	41 660	295 281	25 400	34 467	6 737	51 815

稳定，数据来源于《宁夏统计年鉴》。

（二）北部引黄灌区主要农作物节水指标及潜力

北部引黄灌区玉米种植面积最大为 177 550 hm^2，占主要农作物种植面积的61.16%，现状作物加权净灌溉需水定额范围为 240 m^3/亩（玉米）~830 m^3/亩（水稻），水稻、枸杞和葡萄的净灌溉需水定额较高，其种植面积占灌区主要农作物面积的 32.20%，枸杞种植面积最小为 17 473 hm^2。枸杞（34.00%）和葡萄（38.30%）的远期水平年作物加权净灌溉需水定额降幅明显高于水稻（3.60%）、小麦（7.90%）和玉米（8.30%），见表 3-9-2。

表 3-9-2　宁夏北部引黄灌区主要作物种植面积和农田灌溉潜力指标

指标	水稻	小麦	玉米	枸杞	葡萄
A_0/hm^2	50 837	19 269	177 550	17 307	25 334
$q_0/(m^3 \cdot hm^2)$	830×15	315×15	240×15	380×15	470×15
μ_0	0.4	0.4	0.4	0.4	0.4
μ_t	0.55	0.55	0.55	0.55	0.55
灌溉方式	畦灌	滴灌/喷灌	滴灌/喷灌	滴灌/喷灌	滴灌/喷灌
$q_t/(m^3 \cdot hm^2)$	800×15	290×15	220×15	250×15	290×15

注：A_0 为现状灌溉面积（hm^2）；q_0 为现状作物加权净灌溉需水定额（m^3/hm^2）；μ_0 为现状水平年灌溉水利用系数；μ_t 为远期水平年灌溉水利用系数；q_t 为考虑作物布局调整后的远期水平年作物加权净灌溉需水定额（m^3/hm^2）。

北部引黄灌区主要农作物节水潜力约为 11.69 亿 m^3，节水率达到了 25%。其中水稻节水潜力为 4.73 亿 m^3，节水率为 30%，玉米和小麦节水率均为 33%。节水作物主要为水稻、小麦和玉米，其次为枸杞和葡萄（图 3-9-1）。因此，灌区可根据自身的种植条件，在不影响当地经济发展的前提下，适当增加葡萄（贺兰山东麓为主）和枸杞（中卫市为主）种植面积，合理规划布局，有效提高宁夏北部农业生产节水效率。

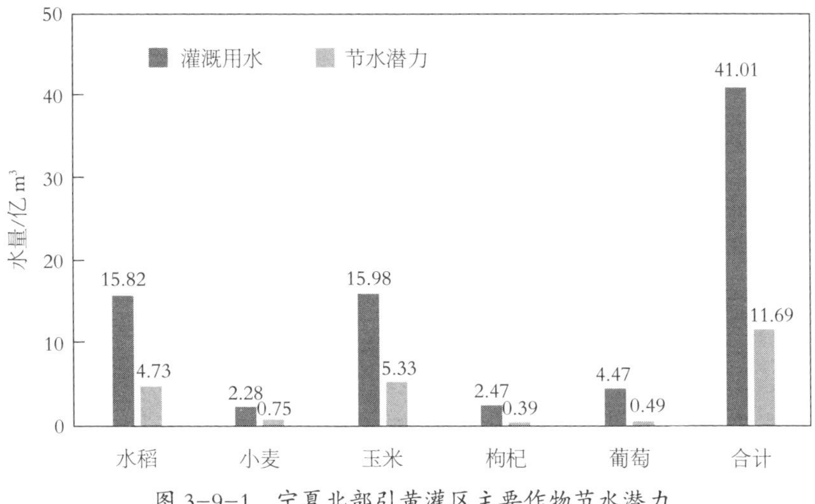

图 3-9-1　宁夏北部引黄灌区主要作物节水潜力

（三）中部干旱区主要农作物节水指标及潜力

中部干旱区玉米种植面积最大，为 95 720 hm^2，占该区域主要作物种植面积的71.19%。枸杞种植面积为 7 213 hm^2。现状作物加权净灌溉需水定额范围为 240 m^3/亩（玉米）~470 m^3/亩（葡萄），枸杞（36.84%）和葡萄（44.68%）的远期水平年作物加权净灌溉需水定额降幅明显高于小麦（4.70%）和玉米(16.67%)。枸杞和葡萄种植面积占该区域主要农作物种植面积的 12.16%（表 3-9-3）。

表 3-9-3　宁夏中部干旱区主要作物种植面积和农田灌溉潜力指标

指标	小麦	玉米	枸杞	葡萄
A_0/hm^2	22 391	95 720	7 213	9 134
$q_0/(m^3 \cdot hm^2)$	315×15	240×15	380×15	470×15
μ_0	0.4	0.4	0.4	0.4
μ_t	0.55	0.55	0.55	0.55
灌溉方式	滴灌/喷灌	滴灌/喷灌	滴灌/喷灌	滴灌/喷灌
$q_t/(m^3 \cdot hm^2)$	300×15	200×15	240×15	260×15

注：A_0 为现状灌溉面积（hm^2）；q_0 为现状作物加权净灌溉需水定额（m^3/hm^2）；μ_0 为现状水平年灌溉水利用系数；μ_t 为远期水平年灌溉水利用系数；q_t 为考虑作物布局调整后的远期水平年作物加权净灌溉需水定额（m^3/hm^2）。

中部干旱区主要农作物节水潜力为4.57亿 m^3，节水率达到了25%。其中玉米节水潜力为3.39亿 m^3，节水率为39%，小麦节水率为31%，枸杞和葡萄节水率最低，分别为16%和12%。节水作物主要为玉米（图3-9-2）。为了综合考虑当地农业精准发展，中部地区可适当调整种植业结构，合理规划布局，以中宁县周边为主适当扩大枸杞种植面积为宜，为区域特色产业发展贡献区域知名度。

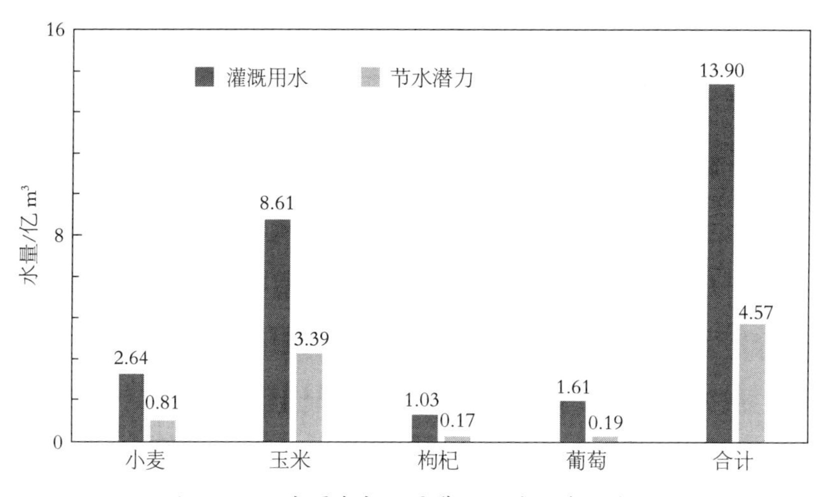

图3-9-2　宁夏中部干旱带主要作物节水潜力

（四）南部山区主要农作物节水指标及潜力

南部山区冷量蔬菜种植面积最大，为51 815 hm^2，占该区域主要作物种植面积的63.62%。枸杞种植面积最小为880 hm^2。现状作物加权净灌溉需水定额范围为120 m^3/亩（马铃薯）~380 m^3/亩（枸杞）见表3-9-4，其中冷凉蔬菜远期水平年作物加权净灌溉需水定额降幅仅为4%，玉米和马铃薯远期水平年作物加权净灌溉需水定额变化幅度接近（16%）。枸杞远期水平年作物加权净灌溉需水定额降幅最高为35.52%。

南部山区主要农作物节水潜力为1.87亿 m^3，节水率达到了40.33%。其中冷凉蔬菜节水潜力为1.17亿 m^3，节水率为30%，玉米和马铃薯节水率均为39%。虽然枸杞节水率为53%，但是灌溉用水仅为0.13亿 m^3（图3-9-3）。因

表 3-9-4　宁夏中部干旱区主要作物种植面积和农田灌溉潜力指标

指标	玉米	马铃薯	冷凉蔬菜	枸杞
A_0/hm^2	22 011	6 737	51 815	880
q_0/（$m^3 \cdot hm^2$）	160×15	120×15	200×15	380
μ_0	0.4	0.4	0.4	0.4
μ_t	0.55	0.55	0.55	0.55
灌溉方式	畦灌	滴灌/喷灌	滴灌/喷灌	滴灌/喷灌
q_t/（$m^3 \cdot hm^2$）	135×15	100×15	192×15	245×15

注：A_0 为现状灌溉面积（hm^2）；q_0 为现状作物加权净灌溉需水定额（m^3/hm^2）；μ_0 为现状水平年灌溉水利用系数；μ_t 为远期水平年灌溉水利用系数；q_t 为考虑作物布局调整后的远期水平年作物加权净灌溉需水定额（m^3/hm^2）。

此，节水作物主要为冷凉蔬菜。在不影响当地经济发展的前提下，宁夏南部山区可继续发展区域冷凉蔬菜，不仅能提高农业水资源有效分配，同时有助于发展区域特色，推动区域经济发展。

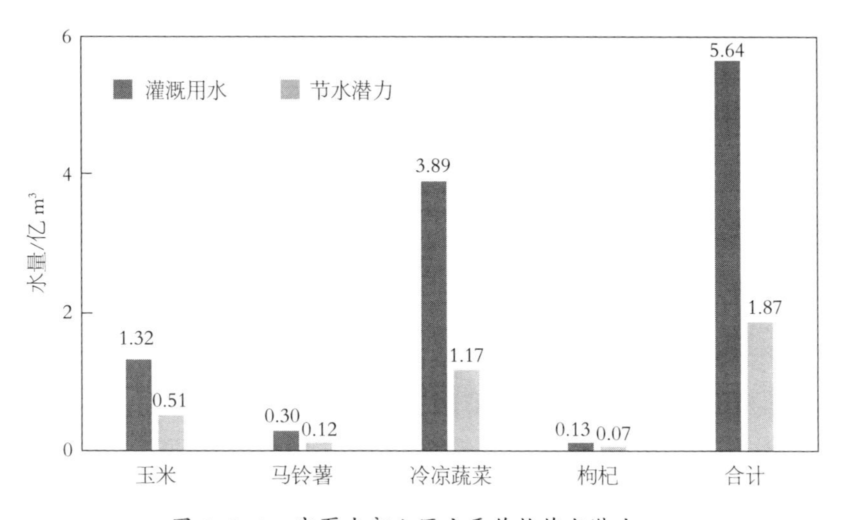

图 3-9-3　宁夏南部山区主要作物节水潜力

因此，宁夏不同生态类型区种植结构和主要作物各异。北部引黄灌区高耗水作物以水稻、葡萄和枸杞为主，中部干旱区葡萄、枸杞和小麦需水量较大，南部山区主要耗水作物为冷凉蔬菜。目前宁夏全区灌溉水利用系数平均为0.4，低于全国平均水平，具有较大的节水潜力。北部扬黄灌区、中部干旱区及南部山区三大地带，农作物理论节水潜力分别为 11.69 亿 m^3、4.57 亿 m^3 和 1.87 亿 m^3，尤其以北部引黄灌区农业节水潜力最大，因此，未来宁夏农业节水应重点关注北部灌区，通过提高农业水利用系数、改善作物种植结构、选择优良品种、改造灌溉设施、加强相关配套建设和提高农业灌溉技术水平等措施，提高宁夏农业水资源利用效率，维持农业可持续发展。

二、工业节水潜力与适宜路径

（一）宁夏规模以上企业用水概况

宁夏规模以上企业以能源、化工企业为主，其水资源利用量占到工业用水的 95%以上，工业用水中黄河水占到 79%，非常规水占到 16.7%，地下水占到 4%，地表水占到 0.08%。宁夏规模以上工业用水重复利用率达 96.7%，宁东煤化工园区成为全国首个废水“近零排放”园区，苏银产业园实现“污水 100%截流、中水 100%回用”，中卫工业园区实现中水全配置。根据理论模型计算得出宁夏全区工业节水理论潜力为 1 592.96 万 m^3，其中工业用水重复利用率提高节水潜力为 754.56 万 m^3，管网漏失率降低节水潜力为 838.4 万 m^3。

（二）宁夏北部引黄灌区工业节水潜力

北部引黄灌区工业节水潜力为 799.6 万 m^3，工业水分重复利用率 97.93%，高于全国平均水平，因此，工业用水重复利用率提高节水潜力较小，约为 27.986 万 m^3，管网漏失率降低节水潜力为 771.614 万 m^3，是今后宁夏北部地区工业企业节水的重点。

（三）宁夏中部干旱区工业节水潜力

中部干旱区工业节水潜力为 173.88 万 m^3，工业水分重复利用率相对较低，约为 87%，工业用水重复利用率提高节水潜力为 118.8 万 m^3，管网漏失率降低节水潜力为 55.08 万 m^3，因此，中部干旱区今后节水潜力提升应该聚焦如何提高工业用水重复率上。

（四）宁夏南部山区工业节水潜力

南部山区工业节水潜力为 86 万 m^3，其中工业用水重复利用率提高节水潜力为 68.8 万 m^3，管网漏失率降低节水潜力为 17.2 万 m^3。南部山区工业比例相对较低、节水总量相对较小，但是节水率较高，提升工业用水重复率仍然至关重要。就三个生态区域而言，北部引黄灌区工业节水潜力最大，南部山区工业节水潜力最小（表 3–9–5）。

基于宁夏工业企业分布集中和行业较为单一的特点，节水路径应该以工业园区为重点，节水重点区域以北部引黄灌区为主，节水重点行业为能源化工领域。节水重点路径为：大力推进工业节水改造，推广高效冷却、循环用水、废水及污水再生利用等节水工艺和技术，提高工业用水重复利用率；全面开展节水型工业园区和节水型企业达标建设，严控高耗水产业发展，把管网损失率降低到最低；强化用水定额管理，对超定额用水企业分类、分步限期改造，积极推进宁东基地水务一体化，鼓励使用矿井疏干水和再生水等非常规水。

表 3–9–5　宁夏工业理论节水潜力

指标	宁夏	北部引黄灌区	中部干旱区	南部山区
η_0/%	96.2	97.93	87	90
η_t/%	98	98	98	98
$W_{工0}$/亿 m^3	4.192	3.998	0.108	0.086
L_0/%	10	9.93	13.1	10
L_t/%	8	8	8	8
W_1/万 m^3	754.56	27.986	118.8	68.8
W_2/万 m^3	838.4	771.614	55.08	17.2
$W_{工潜}$/万 m^3	1 592.96	799.6	173.88	86

注：η_0 为现状年工业用水重复利用率（%）；η_t 为未来节水指标条件下工业用水重复利用率（%）；$W_{工0}$ 为现状年水平年工业用水量（亿 m^3）；L_0 为现状年水平年工业供水管网漏失率（%）；L_t 为未来节水指标条件下工业供水管网漏失率（%）；W_1 为工业用水重复利用率提高节水潜力（万 m^3）；W_2 为管网漏失率降低节水潜力（万 m^3）；$W_{工潜}$为工业节水潜力（万m^3）。

三、不同生态区生活节水潜力与适宜路径

宁夏回族自治区城市生活供水总量为3.7亿m^3，其中公共供水总量占城市供水总量的90.17%，自建设施供水总量占城市供水总量的9.83%；城市供水管道长度为3 000.39 km，城市人均日生活用水量为168.15 L；供水普及率为99.66%（其中城市公共供水普及率99.58%）。

据测算，宁夏全区现状年城镇供水管网综合漏失率约为10%，现状年节水器具普及率为55%，城镇生活节水潜力为1 096.548万m^3。北部引黄灌区现状年城镇供水管网综合漏失率为9.78%，现状年节水器具普及率为60%，城镇生活节水潜力为729.595万m^3。中部干旱区现状年城镇供水管网综合漏失率为13.1%，现状年节水器具普及率为50%，城镇生活节水潜力为199.204 5万m^3。南部山区现状年城镇供水管网综合漏失率为10%，现状年节水器具普及率为50%，城镇生活节水潜力为114.267 5万m^3。就3个流域分区而言，北部引黄灌区城镇生活节水潜力最大，南部山区城镇生活节水潜力最小（表3-9-6）。

表3-9-6　宁夏生活节水潜力

指标	宁夏	北部引黄灌区	中部干旱区	南部山区
W_0/亿m^3	3.705	3.058	0.312	0.335
L_0/%	10	9.78	13.1	10
L_t/%	9	9	9	9
U_0/%	55	60	50	50
U_t/%	95	95	95	95
P_0/万人	478.8	384.4	43.4	51
S/L	10	10	10	10
$W_{生潜}$/万m^3	1069.548	729.595	199.2045	114.2675

注：W_0为现状年城镇大生活用水量（亿m^3）；L_0为现状年城镇供水管网综合漏失率（%）；L_t为未来节水指标条件下城镇供水管网综合漏失率（%）。U_0为现状年节水器具普及率（%）；U_t为未来节水指标条件下节水器具普及率（%）；P_0为现状年城镇人口（万人）；S为节水器具相比传统器具每人每天的节约水量（L）；$W_{生潜}$为城镇大生活节水潜力（含公共用水，万m^3）。

宁夏生活节水以北部引黄灌区潜力最大，由于人口密集加上管网距离长，所以宁夏生活节水应加强城市供水系统的管理和维护，降低管网漏失率，提升供水设施的效率和节水能力；推广节水型建筑和节水应用技术，减少城市建设和运营过程中的用水消耗，提高居民节水器普及率；城镇绿化用水选择合适抗旱苗木，采取微喷灌措施提高水分利用效率。

第十章　宁夏节水的主要措施和建议

一、宁夏节水基本原则和措施

（一）农业深度节水的基本原则和措施

统筹推进、重点突出。统筹考虑宁夏全区水资源禀赋、人口布局、农业产业结构，抓重点区域和重点耗水农作物，处理好区域水资源的时间和空间关系，满足农业水资源的时空需求，全面提升农业水资源用水效率，形成水、地、人和谐的农业产业布局。

精确灌溉。采用精确灌溉技术，如北部引黄灌区和中部干旱区采用滴灌、微喷灌技术，南部山区采用地膜覆盖和沟垄技术等，将水资源直接送到作物根部，减少水的流失和蒸发损失，提高灌溉水的利用效率。

合理调度和管理水资源。制订科学的农田水分管理计划，根据作物生长需求和土壤水分状况，合理安排灌溉时间和量，避免过量灌溉。

水肥一体化。通过科学施肥技术，合理配比肥料和灌溉水，减少肥料的流失和浪费，提高肥料利用效率，降低农业对水资源的需求。

种植节水作物和耐旱品种。选择适应当地气候条件和土壤水分状况的节水作物和耐旱品种，提高作物对水分的利用效率。

土壤保护和改良。采取土壤保护措施，如覆盖农田、保持土壤有机质、改善土壤结构等，提高土壤保水能力，减少水分流失。

科学排水和水面运用。合理排水，减少田间积水和水资源的流失。对于相应地区可采用灌溉水循环利用、水体污染治理等手段，使水资源得到充分的回收利用。

科技创新和示范推广。加强对深度节水技术和模式的研究开发，推广示范应用，引导农民采用节水措施，提高整个农业产业链的节水效益。

合理产业结构布局。根据各个生态区域自然水资源禀赋及未来水资源供给量，合理布局农业产业结构，根据区域经济发展需求，依据宁夏的气候和水资源条件，适度降低高耗水作物比例，增加低耗水作物面积，提高耕地资源利用效率，提高粮食产量。

（二）工业精准节水基本原则和措施

改革创新，以水定产。把节约用水贯穿到工业用水的全链条，强化总量控制、源头管控，在技术创新上下功夫，试点先行，力争工业用水 100%循环利用，降低万元工业 GDP 用水量，切实提高工业用水效率。形成一批可推广的节水典型示范企业。

优化工艺流程。通过优化生产工艺，减少用水环节和水量，提高生产过程中的水利用效率。可以采用闭路循环系统、水冷却循环系统等技术，尽量将废水回收和再利用，减少废水排放量。

使用节水设备和技术。选择高效节水设备，如节水喷淋系统、节水洗涤设备等，降低用水量。同时，采用先进的水处理技术，提高水的再利用率，减少对新鲜水的依赖。

强化管理与监测。加强对用水过程的管理和监测，建立用水监测系统，实时监测水的使用情况，及时发现和处理违规用水，减少浪费。

高效运营和维护。定期维护和检修水设备，确保设备的正常运行和高效工作，减少漏水和损耗。

鼓励技术创新。鼓励企业进行技术创新，开发和应用节水技术和产品，提高整个行业的节水水平。

强化环保意识。加强员工培训和教育宣传，加深员工对节水的认识和意识，建立良好的环保文化和价值观。

（三）生活全面节水的基本原则和措施

节约为本，量水而行。突出以节约为先，把水资源浪费及管网损失率降到最低，推动生活用水及城市绿化用水等从粗放低效型向高效节约型转变，以有限的水资源容纳更大的生活群体。形成全方位多角度的生活节水机制。

培养节水意识。提高人们对水资源稀缺性和节水的认识，并将节水作为一种生活方式。

按需合理用水。水的使用应根据实际需要进行合理配置，并尽量避免浪费，在生活用水过程中，精确控制用水量。

修复漏水漏损。定期检查公共管网、家庭水管、水龙头和水表等设施，及时修复漏水漏损问题，防止无谓的水资源浪费。

使用智能节水设备和器具。安装节水淋浴头、节水马桶等节水设备，有效降低每天的用水量。同时，选择高效节能的家电设备，减少用水消耗。

制定公共水资源管理系统。对于商贸、机关、院校、旅游、社会服务、园林景观等城市公共生活用水实施加强管理。

提倡循环利用。鼓励家庭进行雨水的收集和利用，用于冲厕、浇花、洗车等非饮用用途。

教育宣传和政策支持。加强节水知识的宣传普及，提高公众对节水重要性的认识，同时配套相关的政策措施，鼓励和支持节水行为。

（四）联合调控节水的战略方向

联合调控，生态优先。重点实施河、湖、沟水资源联合调控，科学合理配置水资源，统筹山、水、林、田、湖、草一体化发展；加大生态用水，保障绿洲生态安全和西北生态屏障安全；构建水质水量监测管理系统，实现水资源的智能化管理。

实施河湖沟水资源联合调控及水污染防控综合治理，在宁夏引黄灌区，实施典农河、沙湖等水体综合治理和联合调控，推进引黄水、山洪水、地下水、农田退水、中水等“五水”联用，以湖库为“调节器”，构建地表与地下水联调的立体水网，实现景观水、灌溉水、工业水一体化的综合利用。循环利用盐碱地改良排水、工业排水；开发平原浅层地下水，科学控制地下水临界水位；充分利用雨洪水、中水等常规水资源，全面提高水资源利用效率。推进湖库生态建设与污染治理，修复区域“自然之肾”，增强区域自净能力，提升两类生态廊道功能。在宁南山区，实施五河（泾河、渝河、葫芦河、茹河、清水河）生态系统工程，强化水源涵养林建设与保护，开展湿地保护与修复，加大退耕还林、还草、还湿力度。加强滨河（湖）带生态建设，在河道两侧建设植被缓冲带和隔离带。采取湖泊原位生态修复技术，实现植物系统生产者、动物系统消费者、微生物系统分解者之间相互依存、相互制约的动态平衡。

科学合理配置水资源，统筹山、水、林、田、湖、草一体化发展。根据国土空间规划布局和产业结构调整需求，利用水资源承载力、土地资源承载力和生态足迹等指标，对宁夏全区目前水资源状况、利用程度以及未来可持续能力进行科学判断，合理配置水资源。完善水量调度方案，加强水量调度管理，增强河湖沟渠的流通性，降低营养物质的沉积。采取水量水质联合调度、生态补水等措施，维持河湖基本生态用水需求，重点保障枯水期生态基流，增加生态容量和环境承载力。恢复及重建六盘山、贺兰山、罗山等地区生态环境，增加水源涵养能力，为区域可持续发展提供水资源储备。基于水量平衡、水盐平衡、水沙平衡、水养平衡等科学依据，把治水与治山、治林、治湖、治草结合起来，统筹实施山、水、林、田、湖、草一体化发展。

加大生态用水，保障绿洲生态安全和西北生态屏障。宁夏处于生态脆弱区，分水指标与绿色可持续发展需求不匹配，为了维持绿洲生态安全和防止荒漠化，需要增加取水指标，优先用于生态环境建设。随着我区生态立区战略实施，生态需水量势必增长，应为生态用水设立用水户口。在生态建设中，需要纠正生态用水是绿化用水的错误认识，纠正“种树就是搞生态环境建设”的错误认识。保护好绿洲生态安全，需要优先保障农田林网和绿洲边缘防风固沙林体系生态用水需求，维持最基本的生态环境。科学合理划定城镇开发边界线，稳定现有绿洲面积，坚决遏制城市摊大饼式的扩张势头。加快沙漠边缘与绿洲接壤地带生态脆弱区治理，构建节水型绿洲防护体系，保障西北生态屏障。

（五）非常规水的利用战略方向

坚持因地制宜、就近利用。统筹再生水、矿井疏干水、苦咸水和雨水，完善工程体系，因地制宜推进非常规水源利用，缓解我区水资源紧缺状况，推动经济社会可持续发展。

北部引黄灌区以贺兰山东麓雨、洪水利用为重点，结合矿井疏干水分级处理，提高非常规水利用效率。加大滞洪区改、扩建和河湖湿地的互联互通，结合引黄渠道，将洪水沉淀、净化后用于湖泊、湿地等补水，形成多水源联合调度的网络体系。高盐矿井水的分级净化，分批就近用于不同用水标准企业，实现高效循环利用。

中部干旱带以生态保护和农业生产为重点，加大雨水的蓄存率，提高雨水利用率。加快清水河干流、石峡口水库、寺口子水库和苦水河流域甜水河水库苦咸水综合利用工程的建设，综合提高中部苦咸水的利用率，有效补充常规水源的不足。

南部山区以水源涵养、生态环境保护为重点，大力挖掘现有水库、淤地坝、蓄水池等工程水资源调蓄能力，构建库坝塘窖池联合调配体系，加大雨水综合利用，减少水源涵养区供水压力。在原州区、彭阳县、隆德县和泾源县，大力推进海绵城市建设，增强城市雨水集蓄能力和综合利用能力。同时，宁南煤田加大矿井疏干水的分级净化，就近用于工业、城市绿化等行业。

二、宁夏保障节水路径实施的建议

（一）农业上精准节水的战略方向

坚持以水定地、适水种植，合理控制粮—经—饲种植规模和布局，保障粮食安全生产和特色畜牧业发展；结合灌区续建配套与现代化改造工程建设，补齐节水基础设施短板；因地制宜推进农业深度节水，提升农业用水综合效益和用水效率。

北部引黄灌溉地区应充分发挥水土资源优势，以保障粮食基本产能为前提，严格控制灌溉规模，合理压减高耗水作物种植面积。按照“兼顾生态，南压北稳”的原则，科学压减水稻种植面积；加大水稻控灌、稻旱轮作等措施推广；合理开发盐碱地水稻种植，配合“种稻+有机培肥”等治盐碱方式和适宜排水措施，提高盐碱地种植比例。推广麦后复种蔬菜，压减高耗水蔬菜，实现节水增粮。

中部干旱区应充分发挥优质牧草资源优势，近期依托引黄工程，配合当地非常规水，促进特色农牧业发展；后期结合黑山峡工程新增的调蓄能力，提高牧草灌溉面积，配合北部山前地带草田轮作，逐步达到饲草平衡，支撑“六特”产业发展。

南部山区应以水源涵养为重点，近期适度调整种植结构，加大冬小麦、特色农作物种植，配合覆膜保墒、抗旱耕作等节水措施，提高当地地表水和雨水资源利用，支撑现代生态农业发展。

（二）工业深度节水的战略方向

建立并完善覆盖全面、动态更新的用水定额标准体系，对标国内外先进用水水平，推动工业企业节水减排增效，从取水端遏制低效用水；积极引入现代信息技术，发挥数字节水新动能，配合计量设施及节水器具更新改造，全面开展用（耗）水环节在线监测预警，从用水过程阻断浪费；加大废水及污水处理回用工程建设与再利用经济、政策激励机制，提高废水及污水再生利用和宁东能源基地矿井水深度处理回用，从排水环节提升用水效率。同时，加大提高新增项目的准入门槛，持续降低高耗水行业比重。到2025年宁夏全区工业再生水回用率达到50%以上，宁东能源基地矿井水回用率提高到70%。

（三）生活全面节水的战略方向

严格落实从源头到龙头的全过程节水，推进用水结构调整，实行分质供水；加大供水管网覆盖率，切实推进城镇管网减漏降损；完善提升城乡污水收集、处理能力，加快城镇再生水多元化利用；因地制宜推进海绵城市建设，提高雨水利用率。深入开展城市公共领域节水，提升传统服务行业用水效能，培育节水型科技服务产业，推动数字化赋能城市水服务；加强节水教育，营造全民节水、爱水风尚。到 2025 年，形成统筹城乡、覆盖山川、调剂南北、丰枯互济，协调多水源、大水网、大水厂的供水网络格局，保障自来水普及率达到 99%；供水管网覆漏损率降低到 10%；再生水回用率达到 50%以上。

三、宁夏未来节水的主要路径展望

农业精细化管理和智能化技术应用。利用先进的传感器、遥感技术和数据分析，实现农田精准灌溉和水肥一体化管理。通过实时监测土壤水分状况和植物需水量等信息，精确控制灌溉水量，避免过度浇水。

循环农业与水资源回收利用：通过改良农田排水系统，将农田排出的废水进行处理和回收利用，供农田灌溉或其他用途，实现水资源的再利用。

耐旱作物与抗旱技术研发：培育适应干旱条件的抗旱作物，如耐旱型作物品种。同时，加强抗旱技术研究，开发水分保持剂、土壤改良剂和抗旱生物技术等，提高农作物的抗旱能力，降低对水的需求。

多产业水资源融合利用模式研究：对于矿井水等非常规水，按照养殖业、种植业、生态及生活用水标准及用水量进行分级处理，以满足区域各产业用水需求，形成多产业联合用水新模式。

发展智能家居节水技术：发展能够智能监测和控制家庭用水的设备和系统，如智能水表、智能浴室设备等，通过数据分析和自动化控制，实现家庭用水的精确计量和优化管理，减少水资源的浪费。